U0315610

黄磷尾气对燃气设备的高温腐蚀

宁 平　郜华萍　著

北 京

冶金工业出版社

2018

内 容 提 要

全书共分 6 章，主要内容包括：国内外黄磷尾气的利用、现状及发展趋势，黄磷尾气成分测定，黄磷尾气燃气腐蚀研究试验与分析方法，实际黄磷尾气烧蚀部件的腐蚀产物组织特征，黄磷尾气腐蚀动力学，磷及磷-硫环境下腐蚀产物形貌及组织结构。

本书可供环境监测、环境治理等专业的师生使用，也可供从事相关专业的工程技术人员参考。

图书在版编目（CIP）数据

黄磷尾气对燃气设备的高温腐蚀/宁平，郜华萍著 . —北京：
冶金工业出版社，2018. 1
ISBN 978-7-5024-7581-9

Ⅰ.①黄…　Ⅱ.①宁…　②郜…　Ⅲ.①工业废气—高温腐蚀
—燃气设备　Ⅳ.①X701　②TK174

中国版本图书馆 CIP 数据核字（2017）第 274124 号

出 版 人　谭学余
地　　址　北京市东城区嵩祝院北巷 39 号　邮编　100009　电话　（010）64027926
网　　址　www.cnmip.com.cn　电子信箱　yjcbs@ cnmip. com. cn
责任编辑　郭冬艳　美术编辑　吕欣童　版式设计　孙跃红
责任校对　王永欣　责任印制　李玉山
ISBN 978-7-5024-7581-9
冶金工业出版社出版发行；各地新华书店经销；三河市双峰印刷装订有限公司印刷
2018 年 1 月第 1 版，2018 年 1 月第 1 次印刷
169mm×239mm；12 印张；231 千字；181 页
35. 00 元
冶金工业出版社　投稿电话　（010）64027932　投稿信箱　tougao@ cnmip. com. cn
冶金工业出版社营销中心　电话　（010）64044283　传真　（010）64027893
冶金书店　地址　北京市东四西大街 46 号（100010）　电话　（010）65289081（兼传真）
冶金工业出版社天猫旗舰店　yjgycbs.tmall.com
（本书如有印装质量问题，本社营销中心负责退换）

前　言

<<<<<<<<<<<<<<<<<<<<<<<<<<<<<<<<<<<<<<<<<<<<<<<<<<<<<<

　　黄磷尾气是热值高但杂质含量复杂的工业尾气。由于有磷、硫等杂质的存在，尾气在利用过程中，短时间内会使设备严重腐蚀而失效，不能得到有效利用，部分经火炬燃烧后排入大气，既浪费了宝贵的有价值的 CO 资源，又污染了大气环境。资源消耗高、环境污染严重制约了黄磷行业的健康发展。随着经济的迅猛发展，黄磷尾气资源化利用，是磷化工多年来国内外的研究热点。

　　本书由昆明理工大学宁平和郜华萍共同编写。全书共分 6 章，力图理论结合工程实际，通过现场实际研究和试验研究，揭示了磷单组分腐蚀、磷-硫共存腐蚀环境、实际黄磷尾气环境下，不同温度下，不同材料的腐蚀产物组织结构和形貌及其腐蚀行为；系统地介绍了有效利用黄磷尾气的关键因素，阐述了黄磷原料、炉气成分，黄磷尾气杂质及含量，黄磷尾气燃烧利用过程形成的燃烧产物、腐蚀产物演化过程、腐蚀类型、腐蚀速率；首次揭示了 PH_3 是加速黄磷尾气对燃气设备腐蚀的关键；论证了黄磷尾气混合体系 CO_x-PO_x-SO_x-NO_x-H_2O 作为燃气利用，对材料的腐蚀速度为：316L<304<合金<Q245R<16MnR。发现了所研究的材料在不同磷和磷-硫环境中的耐蚀性不一致。发明了系列腐蚀研究专利装置。

　　本书针对多年来国内外的研究热点，针对黄磷尾气进行资源化有效利用时产生的腐蚀开展研究。黄磷尾气杂质及含量、燃烧利用过程形成的燃烧产物、腐蚀产物演化过程、腐蚀类型，是决定黄磷尾气有效利用的关键因素。首次揭示了黄磷尾气燃气腐蚀类型是电化学腐蚀、晶界腐蚀、露点腐蚀、高温腐蚀、硫化物应力开裂（SSC）、连多硫酸晶间腐蚀共存。

本书通过测定黄磷原料、炉气以及尾气成分，进行了定性、定量分析，获得了真实有效的数据，开展了黄磷尾气燃烧现场腐蚀研究和模拟实验腐蚀研究，同时对磷单组分腐蚀、磷-硫共存腐蚀环境下，不同材料的腐蚀产物组织结构和形貌进行了鉴定和分析，揭示了其腐蚀机理；验证了PH_3是加速黄磷尾气燃气对设备的腐蚀推论，为黄磷尾气资源化利用提供了科学的理论依据。本书揭示了黄磷尾气燃气最新成果。

本书在编写过程中，得到了云南江磷股份有限公司、昆明锅炉有限责任公司、四川化学投资集团有限公司等对于现场研究和成果验证的大力支持；得到了清华大学、浙江大学、昆明理工大学材料分析及测试中心的老师对书中涉及的大量分析、鉴定的指导和帮助；研究生洪建平、吴飞、徐浩东、马晓宁、周洲、郜烨等也给予了很多帮助，在此表示衷心的谢意。

本书得到了国家科技部中小企业创新基金"2t/h 黄磷尾气燃气锅炉研制"（07C26215301967）、云南省省院省校合作项目"2t/h 黄磷尾气燃气锅炉开发与研制"（2006YX22）、云南省教育厅基金项目"黄磷尾气燃烧特性研究"（08Y0090）的支持。

工业尾气资源化研究正在迅速发展，由于作者水平所限，书中不足之处在所难免，恳请广大读者批评指正。

作　者
2017 年 10 月

目　　录

1 黄磷尾气的产生和腐蚀

1.1 黄磷尾气的产生

磷是 1669 年德国汉堡炼金术士汉林·勃兰特（Henning Brandt）首先发现的，广泛分布于自然界中，一般以磷酸盐的形式存在于矿石之中，如磷灰石、磷灰岩等。磷矿石（phosphate rock）分子式：$3Ca_3(PO_4)_2 \cdot CaR_2$。磷矿全球储量约为 130Gt。"世界四大磷矿"为：中国云南晋宁、前苏联柯拉、美国佛罗里达、非洲摩洛哥。1981 年世界磷矿产量为 138Mt，生产国有 30 多个，主要是苏联、美国以及摩洛哥，约占 79%。中国磷矿储量大于 10Gt，主要分布在云南、贵州、四川、湖北和湖南五省。"中国三大磷矿"为：云南晋宁、贵州开阳和湖北。中国磷资源储量、基础储量、资源量分别占全球的 6.6%、17.7%、82.3%，保有磷资源储量为 178.6 亿吨，位居世界第二，以云南晋宁资源最为丰富，远景储量达 200 亿吨，其次为滇池周围，储量 46 亿多吨。近年来中国磷矿产量约为 10Mt（折算成 30%P_2O_5）；世界上 84%~90% 的磷矿用于生产各种磷肥，3.3% 生产饲料添加剂，4% 生产洗涤剂，其余用于国防、化工、医药、轻工、食品、染料、火柴、陶瓷等 16 个领域 60 多个部门的重要行业。中国磷矿消费结构中磷肥、磷酸盐磷化物、黄磷分别占 71%、16%、7%。2009 年、2010 年、2011 年中国黄磷产能分别达：150 万吨/年、180 万吨/年、210 万吨/年。

磷与氧之间结合非常紧密，从天然磷酸盐中提炼元素磷过程非常复杂。制取黄磷方法一般采用电炉法或高炉法。1888 年，英国雷德曼成功用电炉法生产黄磷；1891 年法国 Coigent 投入运行了全球第一台工业化制磷电炉；1899 年法国 Billandot 获得"采用带无水凝聚设备和气体洗涤收磷设备的新型电炉装置"专利权，同年德国贝特菲尔 3000kV·A 制磷电炉投运；1902 年法国建成了第一座磷炉底部构成电流回路的电炉；1914 年美国北卡洛莱纳州投运了容量为 4000kV·A 的黄磷电炉；1927 年德国在 Piesteriz（彼斯特里茨）建成了容量为 10000kV·A 的黄磷电炉（I. G. Farben（法本）公司投运），采用了自焙烧电极、静电除尘器、电极干封、卧式冷凝器等先进技术。1937 年中国的潘履洁设计并在上海投运了 20kW 单相制磷电炉，后因抗战迁至昆明。1941 年中国首台 100kV·A 单相黄磷工业电炉在重庆中国火柴原料厂投运，产黄磷 20t/a。1945 年 5 月，由潘履洁设计改进的国内第二台工业化黄磷电炉 150kV·A 三相两根电极黄磷电炉在云南昆阳磷肥厂投运，产黄磷 30t/a。

黄磷生产原料，主要是磷矿石、硅石、焦炭。黄磷生产过程中，副产大量的尾气。由于不同地区原料成分和含量不一，其尾气杂质相差很大。中国三大类型磷矿为：岩浆岩型磷灰石、沉积岩型磷块岩、沉积变质岩型磷灰岩。沉积岩型磷块岩贮量占 70%，主要分布在中南和西南，云、贵、川、湘、鄂共占该类型贮量的 78%。

自 2005 年以来，作者现场考察了四川省川投化学工业集团有限公司、云南江磷股份有限公司、云天化集团马龙产业安宁分公司等，其黄磷生产采用传统电炉法，主要由三个生产操作单元组成：(1) 原料制备；(2) 电炉生产；(3) 精制磷。"一炉三塔"为其主要生产工艺设备。简述为：

(1) 磷矿石主要化学成分为氟磷酸钙 $Ca_5F(PO_4)_3$，磷矿石（以 P_2O_5 含量表示）含 $P_2O_5 \geq 28\%$，$Fe_2O_3 < 1.5\%$，$CO_2 < 5\%$（以上指标均以干基计算）。磷矿石入炉时 $H_2O < 2\%$，粒度 5~35mm。

焦炭（或白煤）（以固定碳含量表示），$C \geq 80\%$（以干基计），入炉时 $H_2O < 2\%$，粒度 3~25mm。

硅石（以 SiO_2 含量表示），$SiO_2 > 97\%$，粒度 5~35mm。

(2) 磷矿石、焦炭、硅石三种原料经筛分、烘干，按一定的配比混合后投入电炉，经变压器将 35kV 高压变为低压大电流，通过石墨电极导入电炉内（以电阻和电弧的形式）产生热量加热熔融磷矿石、焦炭和硅石物料，焦炭为还原剂，在微负压（隔绝空气）1300~1560℃下进行化学还原反应，将磷矿石中的 $Ca_3(PO_4)_2$ 还原为单质磷，同时副产 CO，SiO_2 为助熔剂降低还原温度，与 CaO 反应生成易熔的硅酸三钙 $3CaO \cdot SiO_2$（造渣），降低炉渣熔点；元素磷升华生成含磷炉气，同时副产磷渣和磷铁，生产中控制炉渣酸度指标为 $SiO_2/CaO = 0.8$。

$$Ca_3(PO_4)_2 + 2SiO_2 + 5C \rdblarrow Ca_3Si_2O_7 + P_2 + 5CO \uparrow \qquad (1-1)$$
$$Q = 1547.56J$$

磷矿石中的杂质 Al_2O_3 同 SiO_2 一样，也能降低还原温度，生成易熔的炉渣：

$$Ca_3(PO_4)_2 + 3Al_2O_3 + 5C \rdblarrow 3(Al_2O_3 \cdot CaO) + P_2 + 5CO \uparrow \qquad (1-2)$$
$$Q = 1614.54J$$

磷炉气中 P_4 300~350g/m³，CO 85%~95%。原料中所含的水分成为水蒸气与磷化物作用，生成少量的磷化氢 PH_3；与碳反应生成 CO 和 H_2。反应生成物单质磷蒸汽经过喷淋洗涤降温冷凝为固体单质磷：

$$P_4(g) \longrightarrow P_4(s) \qquad (1-3)$$

磷矿石中的杂质 Fe_2O_3 被碳还原为金属铁并生成 CO：

$$Fe_2O_3 + 3C \rdblarrow 2Fe + 3CO \uparrow \qquad (1-4)$$

熔融的铁与磷生成磷铁 Fe_2P：

$$8Fe+P_4(g)=\!\!=\!\!=4Fe_2P \tag{1-5}$$

$$6CaF_2+7SiO_2=\!\!=\!\!=3SiF_4(g)\uparrow+2Ca_3Si_2O_7 \tag{1-6}$$

$$4Ca_5F(PO_4)_3+3SiO_2=\!\!=\!\!=6Ca_3F(PO_4)_2+SiF_4(g)\uparrow+2CaSiO_3 \tag{1-7}$$

（3）反应后的磷蒸汽、CO及粉尘杂质随炉气逸出，经导气管进入三个串联的冷凝塔用65~70℃热水喷淋逐级降温洗涤冷凝，磷蒸汽被喷淋水循环洗涤进入受磷槽冷凝成粗磷，经虹吸进入精制磷工段，利用悬浮分离原理使粗磷与泥磷分离、磷和CO分离，分离后的粗磷用泵打至成品槽中进一步精制漂洗，漂洗后即得成品黄磷，进行计量装桶水封包装。磷渣水淬成细渣入集渣池排出作为水泥等原料循环利用。受磷槽溢流出的水进入地下槽受磷塔进行二次沉降，除去夹带的磷泥，其洗涤水进入热水循环桶，经热水循化泵打至冷凝塔上部喷头循环使用。分离出来的CO达85%~92%，黄磷生产副产尾气2800~4500m³/t。

2011年底，全国共有黄磷生产企业148家、390套24种容量规格的制磷装置，总装机容量大约460×10⁴kV·A，产能为210万吨/年，占世界总生产能力的80%以上，主要生产地集中在有磷矿资源的云南省、贵州省、四川省和湖北省。中国黄磷生产能力从1985年的10万吨/年发展到2010年的210万吨/年，2001~2014年中国、云南省、贵州省、四川省、湖北省、云南江磷集团股份有限公司、四川省川投化学工业集团有限公司黄磷产量统计见表1-1。

表1-1　2001~2014年全国及云南省黄磷产量统计　　　　　（万吨）

年　份	中国	云南省	云南省江磷集团股份有限公司	四川省川投化学工业集团有限公司
2001	60.46	27.60	—	—
2002	72	38.20	—	—
2003	75.09	33.33	—	—
2004	51.85	33.48	—	—
2005	59.75	29.41	—	—
2006	83.07	37.84	1.9	4.97
2007	80	30	1.8	5.8
2008	83	47.77	2.3	6
2009	90	45.9	1.5	6.32
2010	89.99	42.11	1.8	4.96
2011	95.8	41.5	1.7	4.7
2012	70	40	3.03	4.6
2013	90	55.2	2.8	—
2014	88	49.52	3.4	—

1.2　国内外黄磷尾气的利用、研究现状及发展趋势

中国是世界第二大能源生产国和第二大能源消费国，2011 年、2009 年、2006 年中国能源消费总量分别为 34.8 亿吨、30.66 亿吨、24.6 亿吨标煤（约占世界能源总消耗的 15%）。国家环保局的绿色国民经济核算研究报告指出，近年因环境污染造成的经济损失为超过 5000 亿元/年，占当年 GDP 的 3%。2009 年云南省重点行业尾气产生量与利用量见表 1-2，2009 年全国化学原料及化学品制造业排放进入大气污染物的 SO_2 130.15 万吨/年、NO_x 41.98 万吨/年、烟尘 78.81 万吨/年，2009 年全国石油和化学工业综合能源消费量为 3.84 亿吨标准煤，占工业能源总消费量的 17.4%，位居所有工业部门的第二位；黄磷在各工业产品的综合能耗中第一，能源成本占产品成本的 60% 以上，平均综合能耗约为 7.5t 标煤[1]。2009 年云南省重点行业尾气产生量与利用量见表 1-2。

表 1-2　2009 年云南省重点行业尾气产生量与利用量

工业尾气	产生量 /亿立方米·年$^{-1}$	尾气含量/%	有害有毒含量及成分	已使用量及用途 /亿立方米·年$^{-1}$
高炉煤气	58.9~73.6	CO：24~28 N_2：55~57	粉尘、SO_2、H_2S	8.5 （发电）
焦炉煤气	6.1	CO：5~8 H_2：55~60 CH_4：23~27	粉尘、SO_2、H_2S	6.1 （作燃气）
转炉煤气	2.8~3.5	CO：60~80	粉尘、SO_2、H_2S PH_3：33.3g/m^3~1016mg/m^3	8.22 （作燃气）
黄磷尾气	8.96~12.8	CO：82~95	粉尘、PH_3、H_2S、COS、CS_2、HF	<30% （作燃气）
电石尾气	4	H_2：2.7 CO_2：1.5 O_2：2 N_2：7 H_2S、HCN、PH_3、有机硫及焦油等 0.5	粉尘（标态）：100~150g/m^3 焦油（标态）：1~2g/m^3 HCN 4% H_2S、PH_3	<40% （作燃气）

电炉法生产黄磷副产尾气（标态）2800~4500m^3/t，尾气富含 CO（85%~92%），热值约 11.7MJ/m^3（约为标煤的 40%），是一种可利用的燃料。黄磷企业

采用其尾气烘干生产原料（磷矿和焦炭）、加热热水蒸馏磷泥、锅炉燃气等，其产生量和利用量见表1-3，生产磷酸盐产品见表1-4、表1-5。但尾气中伴有磷、硫、砷、氟等有毒有害杂质，利用时设备在极短期内因腐蚀而报废。某黄磷企业用黄磷尾气用于燃料烧原有的4t锅炉，运行27天后锅炉换热面就被黄磷尾气烧蚀而报废，经增加燃气预处理再用于新的4t锅炉，40天就因腐蚀而失效。某研究院，用黄磷尾气作为 $100kg/cm^2$ 换热器（直径为1m），在间歇状态下，不到一个月换热器管因腐蚀而失效；输气管道一般只能使用3~6个月，因腐蚀击穿必须更换。我国黄磷企业规模小、集中度差，污染高、能耗高、成本制约力明显。黄磷尾气形成较大规模化的集中处理、集中开发、集中应用的难度很大，黄磷企业各省分布见表1-6。企业只能将黄磷尾气点天灯后直接排入大气，造成了严重的环境污染和能源的浪费。

表1-3 黄磷尾气产生量及利用量

年度	全国黄磷尾气 /万立方米·年$^{-1}$		云南省黄磷尾气 /万立方米·年$^{-1}$	
	产生量	利用量	产生量	利用量
2008	290500	58100	167195	50159
2009	315000	94500	160650	56229
2010	314965	110238	147385	58954
2011	335300	167650	145250	72625
2012	245000	134750	190050	114030
2013	315000	189000	193200	135240
2014	308000	215600	173320	138656

表1-4 黄磷尾气利用量

年度	三聚磷酸钠 /万吨		耗用黄磷尾气 /亿立方米		占当年产生黄磷尾气 总量/%	
	全国	云南省	全国	云南省	全国	云南省
2008	92	12.05	3.8	0.6266	18.3	26.1
2009	70.7	12.01	2.7	0.6245	12.6	26.7
2010	50.16	11.2	1.8	0.5824	8.0	26.4

表1-5 生产磷酸盐产品耗用黄磷尾气量

序号	磷酸盐产品	主要规格	耗用黄磷尾气/$m^3 \cdot t^{-1}$
1	磷酸一钠	无水物	350
2	磷酸二氢钠	无水物	350

序号	磷酸盐产品	主要规格	耗用黄磷尾气/$m^3 \cdot t^{-1}$
3	磷酸氢二钠	无水物	350
4	三聚磷酸钠	工业级	520
5	焦磷酸钠	无水物	450
6	甲酸钠	工业级	450

表 1-6　黄磷企业各省分布情况[2]

区域	生产企业/户	生产/套	黄磷生产能力总容量/×10^4kV·A	产能/万吨	分布地区
云南	100	56	191.8	110	7个州市28个县（区）
贵州	38	87	67.39	33.3	
四川	36	87	84.3	40.9	金河、马边等
攀枝花	3	14		20	17万吨在钒钛工业园区
湖北	30	61	43.9	22.5	宜昌、兴山
桂、豫、晋、陕	4	8	7.3	3.6	
全国	159	392	394.7	210.3	

1.3　国内外腐蚀研究现状

腐蚀是指材料与周围环境相互作用发生的化学或电化学反应，从而导致材料失效的过程，导致的直接后果是缩短工程材料的使用寿命和灾难性的事故。腐蚀的危害和造成的经济损失几乎遍及所有行业，包括：能源（石油、天然气、煤炭、火电、水电、核电、风电等）、交通（航空、铁路、公路、船舶、航运等）、机械、冶金（火法、湿法、电冶金、化工冶金等）、化工（石油化工、煤化工、精细化工、制药工业等）、轻工、纺织、城乡建设、农业、食品、电子、信息、海洋开发、尖端科技以及国防工业等。每年腐蚀所造成的经济损失已超过火灾、水灾、地震和车祸损失的总和。据统计，发达国家的材料腐蚀经济损失占其年生产总值的 2%~4%，中国每年约占国民生产总值 GDP 的 5%，直接腐蚀经济损失2000 亿元以上，间接腐蚀损失已超过 10000 亿元。石油与天然气系统每年因腐蚀造成的经济损失约为 100 亿元，煤炭工业每年腐蚀损失约为 55.6 亿元，电力系统每年的腐蚀损失约 16.535 亿元，这三个能源部门总的腐蚀损失每年就接近 200亿元[3]。我国因腐蚀造成的经济损失已超过 9000 亿元/年。

1.3.1　腐蚀学科的发展

腐蚀学科的基础理论框架是在 20 世纪前半叶确立的。19 世纪中，Davy、de

la Rive、Faraday 等提出了腐蚀电化学学说，1920 年高温氧化反应研究实验表明：很多金属≥300℃，氧化皮膜的生长速度按 $y=kt^2$（y 为皮膜厚度，t 为时间，k 为反应速度常数）抛物线规律进行[4]。1923 年 Evans 开辟了用电化学观点观察腐蚀反应新途径，并于 1929 年建立了腐蚀金属极化图，1933 年 Wagner 建立了氧化扩散理论，1938 年 Pourbaix 建立了电位-pH 值图等为重要基础内容；此后，针对多元与多层次的具体问题，以辐射方式多方向发展。由于材料与环境因素的复杂性，腐蚀研究以阐明腐蚀规律、好控制、方法有效性为主要特征。1949 年后，我国以张文奇、石声泰、肖纪美、曹楚南、李铁藩为代表学者，奠定了中国腐蚀与防护学科的基础。近 3 年来，中国制造业规模达到世界第一，腐蚀学科也迅速发展。

在基础研究方法方面，在腐蚀电化学上，如：微区腐蚀电化学、薄液膜电化学、各尺度尤其是微纳米尺度的腐蚀机理等研究取得了较多原创性成果。但对特殊极端和新型环境条件下的腐蚀机理研究很少，特别是工业尾气燃气利用对设备腐蚀研究成果报道较少。

按腐蚀过程特点，金属腐蚀分为化学腐蚀、电化学腐蚀、物理腐蚀三种机理。黄磷尾气含有磷、硫、砷、氟等杂质，预测其腐蚀有磷腐蚀、硫腐蚀、CO_2 腐蚀、高温腐蚀、露点腐蚀等类型共存，现将相关腐蚀研究现状分述如下。

1.3.2 磷腐蚀

日本、美国、德国等先后对热法磷酸生产过程的余热回收与利用进行了研究和开发，已有一些研究成果。"控制工艺参数来防止高温磷蒸汽的腐蚀"[5]、"控制工艺参数来防止高温磷蒸汽的腐蚀"[6]、"利用干燥空气中的氧气燃烧黄磷以回收热能"[7]，主要是针对单纯磷的腐蚀状态下，利用控制工艺条件产生超磷酸保护膜，减缓生产过程中高温磷蒸汽及其 P_2O_5 水合聚合物对金属材质的腐蚀。

"高效利用反应热副产工业蒸汽的热法磷酸生产技术"[8]，此研究通过工艺参数控制，在特种燃磷炉内壁生成一层结膜物。结膜物的 P_2O_5 含量为 93% ~ 97%，将特种燃磷炉内壁面与高温腐蚀气体相隔离，起到保护作用。同时，为防止结膜物对特种燃磷炉的材质腐蚀，采用等离子喷涂高温防腐的高新技术，避免了黄磷燃烧塔内高温腐蚀性气体对金属材质的腐蚀，可以允许壁面温度达600℃。此方法是针对单一的燃磷高温腐蚀。随着磷燃烧过程的不断进行，P_4 浓度迅速减少，燃烧主要集中在塔底部，在塔中部磷的燃烧基本完成，利用新型燃烧炉减轻了磷的腐蚀。黄磷在燃磷塔中经雾化后先与空气混合燃烧生成 P_2O_5，然后进入水化塔进行水化和吸收而制得磷酸。由于空气中混有水蒸气，在燃磷塔中与 P_2O_5 反应生成高浓度磷酸，且又一直处在高温状态下。因此材料的腐蚀问题十分严重。一般的金属材料（除铂、钼、钯以外）都很难满足腐蚀要求[9]。

在高温情况下磷与铁生成磷铁，同时产生磷酸酐和偏磷酸酐附着在锅炉受热面的管壁上产生高温腐蚀，加速了锅炉材料的腐蚀[10]。

以上研究成果是针对单一的磷腐蚀的。

1.3.3　硫和 CO_2 腐蚀

硫的腐蚀分高温硫腐蚀和低温湿 H_2S 腐蚀。高温环境中，由于硫存在的形式不同，存在的高温硫腐蚀不同：

（1）在氧化性含硫环境中的硫腐蚀。如在燃烧过程中产生的 SO_2、SO_3 等环境而引起的高温硫腐蚀，是以高温氧化为主兼有硫化。

（2）在还原性含硫环境中的硫腐蚀，如在煤的气化、液化、炼油和石化工业中的加氢脱硫、裂解装置中产生的硫腐蚀。此时环境中氧分压很低，硫分压很高，主要是硫化，也有少量的氧化。

（3）热腐蚀。表面沉积一层薄的硫酸盐与含硫气体间发生作用而引起的高温硫腐蚀，是以熔融盐形式进行的加速硫腐蚀。

（4）高温硫腐蚀。如原油中的有机硫化物在高温下分解引起的高温硫腐蚀，例如，炼油厂的蒸馏、催化裂解、加热炉等装置均可能导致有机硫引起的高温硫腐蚀[11]。

美国腐蚀工程师协会 NACE T-8-16 工作组调查认为[12]，湿 H_2S 开裂机制与形态有五种类型：氢鼓泡（HB）、氢致开裂（HIC）、应力导向氢致开裂（SOHIC）、硫化物应力腐蚀开裂（SSCC）以及碱性应力腐蚀开裂（ASCC）。HB与 HIC 是原子氢渗入金属内部富集后转化为分子氢所引起的开裂[13]，它并不需要应力的支持，仅与介质浓度与材料纯净度有关，在许多低强度钢容器的母材内表面发生腐蚀，其裂纹呈平行容器自由表面的阶梯状[14]。SOHIC、SSCC 与应力大小有关，强度愈高的钢种愈容易产生这种开裂，裂纹沿壳壁厚度方向扩展，由于焊缝提供了较大残余应力的可能，SOHIC、SSCC 发生在焊接接头部位。在一些碱性介质与 H_2S、H_2O 及 CN^- 共存下，还产生 ASCC[15]。

肖纪美、张万贞等人研究表明[16-19]，16Mn 和 20 号钢 HIC H_2S 极限浓度分别为：（1）钢材基体 20×10^{-6} mL/L 和 40×10^{-6} mL/L；（2）焊缝区 15×10^{-6} mL/L 和 25×10^{-6} mL/L；$H_2S < 5 \times 10^{-2}$ mL/L，碳钢的破坏时间较长；$H_2S < 1 \times 10^{-3}$ mL/L，高强度钢仍被破坏；H_2S 为 $5 \times 10^{-2} \sim 6 \times 10^{-1}$ mL/L，很短时间就发生 SSCC 破坏。在塑变区 H_2S 引起 20 号钢和 16Mn 钢 SSCC；SSCC 程度与 H_2S 浓度成正比，16Mn 钢比 20 号钢的开裂敏感性更大。

李鹤林等人研究表明[20-24]：H_2S 为 $70 \sim 6000$ mg/m³，材料腐蚀速率较低；在湿 H_2S 环境中，随 H_2S 浓度的增大，钢材氢脆敏感性增大，即钢 SSCC 和 ASCC 与 HIC 有相关性。在仅有 H_2S 的环境气氛中，$240 \sim 470$℃，H_2S 对设备的腐蚀随温度的升高而加剧，470~490℃腐蚀最严重，温度≥800℃，H_2S腐蚀作用甚微。在CO_2和H_2S共存的环境中，氢致应力腐蚀（HIC）和硫化物应力腐蚀（SSCC）同时存在，是导致金属材料（如：不锈钢）失效的根本原因，16MnR钢发生SSCC事故约占其他低合金材料的55%。

二氧化硫通常以几种形式存在：SO_2、HSO_3^-、H_2SO_3、HSO_4^{2-}和SO_4^{2-}在金属表面不存在稳定的钝化膜或没有膜的情况下，HSO_3^-、SO_4^{2-}比Cl^-有更强的腐蚀性。

Q235在不同浓度的SO_2气体环境中，其腐蚀产物都存在含结晶水的硫酸盐、Fe氧化物以及羟基氧化物，即$FeSO_4 \cdot 7H_2O$，$Fe(SO_4)_3 \cdot 9H_2O$，γ-FeOOH和无定形的δ-FeOOH；SO_2体积分数大于0.5%，才出现α-FeOOH，当SO_2浓度升高到某一临界点之后，提高SO_2的浓度对在Q235表面上形成致密的锈层、延缓基体进一步腐蚀起到促进的作用；当SO_2体积分数大于0.5%时，产物中还出现α-FeOOH，在0.005% SO_2表面形成锈巢，锈巢内外的各种元素差异很大；随着SO_2的升高，锈蚀产物出现了亚硫酸盐。

Sridhar Srinivasan认为[25]，在H_2S主导的腐蚀环境中（$\rho_{CO_2}/\rho_{H_2S}<200$），在60~240℃，亚稳定的FeS膜会优先于$FeCO_3$膜生成，随着$H_2S$浓度和温度的增加，FeS转变成为更稳定的Pyrrhotite（磁黄铁矿）FeS，致密的FeS，该膜较致密，能阻止铁离子通过，可降低金属的腐蚀速率，甚至可使金属达到近钝化状态；在小于60℃或大于240℃，H_2S的存在抑制了$FeCO_3$膜形成，H_2S加速了金属腐蚀，生成黑色疏松分层状或粉末状的硫化铁膜，不但不能阻止铁离子通过，反而与钢铁形成宏观原电池。当碳钢在H_2S或H_2S/CO_2体系中腐蚀时，所产生的腐蚀产物主要有Fe_9S_8、Fe_3S_4、FeS_2和FeS。腐蚀产物的生成取决于pH、H_2S浓度。

在高温含H_2S环境中，钢表面生成FeS，与环境中水分和氧接触即可生成连多硫酸（$H_2S_xO_6$，$x=3$，4，5，…），导致材料迅速晶间腐蚀和开裂，即连多硫酸应力腐蚀[26~29]，在370~815℃区域附近敏化过的不锈钢最易发生此类腐蚀，典型反应式：

$$8FeS+11O_2+2H_2O \longrightarrow 4Fe_2O_3+2H_2S_4O_6 \qquad (1-8)$$

$$4FeS+7O_2 \longrightarrow 2Fe_2O_3+4SO_2 \qquad (1-9)$$

$$SO_2+H_2O \longrightarrow H_2SO_3 \qquad (1-10)$$

$$H_2SO_3 + 1/2O_2 \longrightarrow H_2SO_4 \qquad (1-11)$$

$$H_2SO_3 + FeS \longrightarrow mH_2S_xO_4+nFe \qquad (1-12)$$

$$H_2SO_4+FeS \longrightarrow FeSO_4+H_2S \qquad (1-13)$$

$$H_2SO_3 + H_2S \longrightarrow mH_2S_xO_4+nS \qquad (1-14)$$

CO_2腐蚀术语在1925年第一次由API（美国石油学会）采用。在前苏联，油

田设备的 CO_2 腐蚀是在 1961~1962 年在开发拉斯诺尔边疆地区油气田中首次发现,设备内表面腐蚀速率达 5~8mm/a,发现设备损坏和事故隐患;美国 Litflecreek 油田实施 CO_2 驱油期间,在无任何 CO_2 腐蚀抑制措施的情况下,不到 5 个月油井井下油管腐蚀穿孔,腐蚀速率 12.7mm/a。在 20 世纪 70~80 年代,CO_2 腐蚀问题的研究主要是集中在腐蚀机理及材料因素上,这期间研究的腐蚀类型主要是均匀腐蚀,形成了到目前为止都比较认同的规律性结论。

我国 SY7515—89 标准按分压来划分腐蚀环境:

p_{CO_2} <0.050MPa,不考虑防腐。

p_{CO_2} >0.050MPa,应考虑防腐。

p_{CO_2} >0.1MPa,有明显腐蚀。

美国 NACE 标准:被处置的气体总压力为 0.45MPa,p_{H_2S} =3.5×10^{-4}MPa,就需要选择抗 H_2S 应力破坏的材料或需要控制环境。

当 p_{CO_2} / p_{H_2S} >500 时为 CO_2 腐蚀,p_{CO_2} / p_{H_2S} <500 时,则主要为 H_2S 腐蚀[30]。

综上所述,黄磷尾气因含有磷、硫、砷、氟等有害杂质,因此在燃烧过程中会出现磷化、硫化、碳化和热腐蚀及 CO_2/H_2S/PH_3 协同腐蚀,CO_2/H_2S/PH_3 腐蚀体系研究未见报道。

1.3.4 高温腐蚀

金属材料与环境介质在高温下发生不可逆转的化学反应而退化的过程称为高温腐蚀,按与介质发生反应的形式,可分为氧化、硫化、氯化、氮化、碳化、钒蚀和热腐蚀等,即高温腐蚀是金属材料在高温下与沉积在其表面的盐类(Na_2SO_4、V_2O_5、NaCl 及 K、Mg、Ca 等)与氧化膜的交互作用而促使氧化加速的过程。高温热腐蚀(825~950℃),当温度≥884℃(纯硫酸钠的熔点)时,沉积的盐膜处于熔融状态,其典型的显微组织是由于形成硫化物而耗尽了基体中参加反应的元素。低温热腐蚀(650~750℃),盐膜未到熔点,由于金属硫化物的熔点较低,容易生成熔点更低的金属-金属硫化物共晶体,从而加速了高温腐蚀。金属材料在此类苛刻环境中发生多种固-气、固-气-液之间的化学和/或电化学反应,形成多种多样的腐蚀产物,涉及复杂交错的物质迁移过程。这些腐蚀反应导致材料使用寿命显著降低,甚至酿成灾难性事故[31]。

工业生产中的高温腐蚀是一极为复杂的环境体系。环境单元或多元的气体:CO,CO_2,CH_4,H_2,H_2S,H_2O,O_2,NH_3,SO_2,SO_3,PH_3,HCN,COS,CS_2 等,高温下工业环境体系主要有:环境中氧化性环境(氧分压 1~10^5 Pa),如 O_2,SO_2,SO_3,H_2O 等环境中;环境中硫化性环境(硫分压 10^{-20}~10^{-8} Pa),如 H_2S/H_2,H_2S/H_2/H_2O,H_2S/H_2/CH_4^-等[32]。

在煤粉锅炉中,高温腐蚀主要有三种:硫酸盐型、氯化物型和硫化物型。硫酸盐型主要发生在高温受热面上（过热器和预热器）；硫化物型腐蚀大多发生在炉膛水冷壁上，主要是以硫酸盐为主要成分的熔盐腐蚀和 H_2S 及硫氧化物造成的气态腐蚀。硫化物型腐蚀机理主要为：H_2S 同受热面的金属发生作用形成硫化铁时，也同原有管壁上的一层氧化膜发生作用，进而形成氧化铁。管壁高温腐蚀产物中有硫化铁和氧化铁，它们是多孔的，不起保护作用使腐蚀进行下去，腐蚀速度与烟气中硫化氢的浓度、受热面的壁温有关。

评价高温热腐蚀常用方法：坩埚法、涂盐法、台架燃烧实验装置法、常压喷燃实验装置法等。国内外一般都采用喷防磨涂层、改造燃烧器以及控制燃烧的边界条件等办法控制水冷壁的高温腐蚀。

黄磷尾气燃烧后产生上述腐蚀产物。

1.3.5 腐蚀热力学

1.3.5.1 热力学平衡相图

热力学平衡相图是正确判断一个高温腐蚀反应能否进行的有效方法。1920年高温氧化反应研究实验表明：很多金属≥300℃，氧化皮膜的生长速度按 $y = kt^2$（y 为皮膜厚度；t 为时间；k 为反应速度常数）抛物线规律进行[33]。

Linkson、Dwby、Brook、Froning、骆如铁等在用计算机技术研究热力学平衡相图领域进行了许多卓有成效的研究工作，取得了许多硕果。Rosof 和骆如铁提出了描述建立优势区相图的数学模型，即把独立平衡关系作为独立的数据向量，由这组独立数据向量出发，经过求逆或加减可得到体系中任何一种平衡关系。Rosof 利用线性规划法认为凸多边形的顶点由这组独立向量所描述的线性约束条件的基础可行解，通过向量的调换可得到的所有的可行解，从而获得优势区，而骆如铁则用线性规划中求可行性空间的方法进行了三维 Kellogg 图计算机计算。王才荣等提出了引入目标函数（6~8 个），与线性不等式组组成线性规划问题，由线性规划问题的解来——确定凸多边形的顶点从而获得优势区相图的方法。

随着介质温度、酸值或流速等某一影响因素的增加，尤其是在高温段腐蚀速率明显线性增大，碳钢的腐蚀速率与油品酸值的变化在双对数坐标中近似呈直线关系。奥氏体不锈钢的腐蚀速度与酸值的平方根有很好的线性关系。奥氏体不锈钢腐蚀速率的对数与开氏温度的倒数呈线性关系。如果在多种因素的综合影响下，腐蚀速率将显著呈指数倍增大。碳钢（20 号）、1Cr18Ni9Ti, 304 和 316L 不锈钢这几种常用材料耐环烷酸腐蚀性能依次增强。碳钢耐蚀性能最差，其初始表层状态显著影响腐蚀形貌，316L 不锈钢的耐环烷酸腐蚀性能最好。王才荣等研究了 Fe-25Cr 合金在不同温度及 H_2-H_2O-H_2S 环境中的硫化-氧化的动力学边界线：在含硫的还原性气氛中，当在较低的氧压范围内，硫腐蚀起着主导作用，而在较高的氧压范围内，氧化起主导作用；在硫化-氧化之间存在着硫化-氧化转变区域，氧压在一很窄的范围内的变化，对动力学增重曲线可发生很大的作用[34,36]。

2008 年国家科学技术发明二等奖"高效利用反应热副产工业蒸汽的热法磷酸生产技术"，根据燃磷塔内湍流流动、传热、燃烧的特点，建立了燃磷塔内部的湍流燃烧过程及流动物理数学模型，得到了塔内的流场及组分质量分数和温度分布[9,10]。

用灰色关联分析方法建立碳钢、低合金钢的环境因素和大气腐蚀速率的关联度，显示了 RH > 80% 的年时数、相对湿度 RH、温度是影响大气腐蚀的主要因素[36,37]。

1.3.5.2　集成热力学数据库软件

Bale 和 Eriksson 提出了集成热化学数据库的概念，包括了经过热力学优化评估具有自洽性的热力学数据和先进的计算软件，而且能为社会迅速提供数据和程序服务，是热化学（Thermochemistry）、计算热力学（Computational Thermodynamics）与数据库（Database）技术的结合。目前最重要的热化学数据库和计算软件是 Thermo-Calc 和 Factsage 系统：Thermo-Calc 将欧洲共同体热化学学科组（SGTE：Scientific Group of Themlodata Europe）共同研制开发的 SGTE 数据库系统和 Thermo-Calc 计算软件相结合构成的；Factsage 将加拿大蒙特利尔综合工业大学（Ecole Rolytechnique de Montreal）原有的 FACT 软件和德国丑丁公司的 Chemsage 软件相融合，形成了集化合物和多种溶液（尤其是炉渣、熔毓和熔盐）体系的热化学数据库与先进的多元多相平衡计算程序 ChemSage 为代表的多种功能计算程序为一体的综合性集成热力学计算软件。

近年来，FactSage 热力学计算软件已成为冶金、化工、能源等行业进行理论研究的工具之一，此系统已进行了：

（1）金川镍闪速熔炼的热力学模拟计算：根据镍闪速熔炼工艺条件，参考冰镍和炉渣的基本化学组成和基本物相组成特点，设定各相组成分别为气相：FACT 数据库中由元素 Cu、Ni、Fe、Co、C、H、O、N、S、Ca、Si、Mg 组成的气相物质；低冰镍相：Cu、Ni、Fe、Co、S 组成；炉渣相：FeO、Fe_2O_3、FeS、SiO_2、MgO、CaO、Cu_2S、Cu_2O、NO、NiS 组成；固相：由元素 Cu、Ni、Fe、Cb、C、H、O、N、S、Ca、Si、Mg 组成。冰镍和炉渣相主要成分的计算值均与实际值吻合较好，烟气成分的计算值也在闪速熔炼的合理范围，采用 FactSage 的冰铜和炉渣数据库与多元多相平衡计算软件相结合对其进行热力学模拟和研究是可行的。

（2）耐液锌腐蚀的 Fe-B 系合金的研究和设计：综合考虑各合金的工艺性能、力学性能和耐锌液腐蚀性能，实验中采用优选方案制备了几种合金，结果证明应用了 FactSage 的预测优化功能，大大减少了盲目实验的次数，提高了研制效率，节约了资源和能源。

（3）计算了煤中的污染元素硫、氟、氮、氯、砷、硒、汞元素的迁移及转化，得到了气化压力和气化温度会对这些元素进入煤气的数量及化学形态产生影响；构建的新型近零排放煤气化燃烧集成利用系统中压力对系统的影响、气化炉碳转化率对系统性能的影响，优化后确定了合适的系统运行压力为 2.5MPa，较优可行的碳转化率取为 0.7，以烟煤为原料的发电容量约 400MW 的系统其发电效率可以达到 62.1%。

2 黄磷尾气成分测定

<<<<<<<<<<<<<<<<<<<<<<<<<<<<<<<<<<<<<<<<<<<<<<<<<<<<<<<<<<<<<<<<<<<<<<<<<<<<<<<<<<<<<<<<<<<

黄磷尾气成分复杂，含有磷、硫、氟、砷等，需要检测黄磷炉气成分、黄磷尾气成分及杂质成分、黄磷尾气燃烧后烟气成分及其所含杂质成分。

2.1 烟气成分测定标准

黄磷尾气燃气燃烧后烟气成分测定标准，见表 2-1。

表 2-1　烟气成分测定标准

序号	烟气成分测试方法及标准
1	GB 12211—90 城市燃气中硫化氢的测定方法
2	GB 16297—1996 大气污染物综合排放标准
3	GB 13271—2001 锅炉大气污染物排放标准
4	GB/T 6681—2003 气体化工产品采样通则
5	GB/T 8984—2008 气体中 CO、CO_2 和碳氢化合物的测定　气相色谱法
6	GB/T 14678—1993 气体中硫化氢、甲硫醇、甲硫醚的测定　气相色谱法
7	GB/T 2016110—1995 气体中磷的测定　气相色谱法
8	GB/T 2016036—1995 气体中五氧化二磷的测定
9	GB/T 2016037—1995 气体中磷化氢的测定
10	GB/T 2016030—1995 气体中氟化氢、氟化物的测定
11	GB 12208—90 城市燃气中焦油和灰尘含量的测定
12	GB 8912—88 居住区大气中砷化物检验方法
13	HJ/T 28—1996 固体污染源排气中氰化氢的测定
14	HJ/T 56—1996 固体污染源排气中二氧化硫的测定

2.2 黄磷尾气生产工艺

某企业黄磷生产工艺见图 2-1，其产污流程及废气监测点位图见图 2-2。

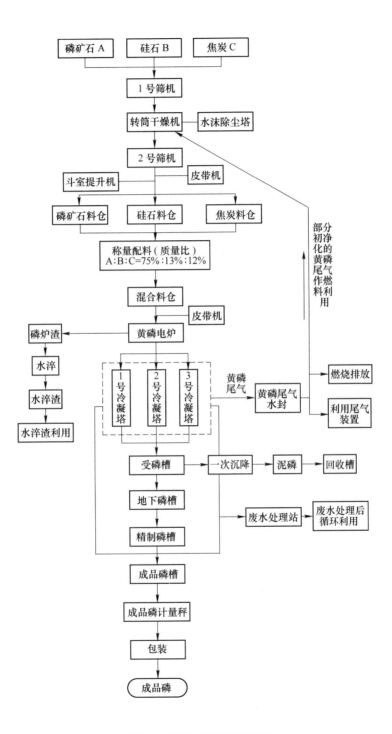

图 2-1　黄磷生产工艺流程图

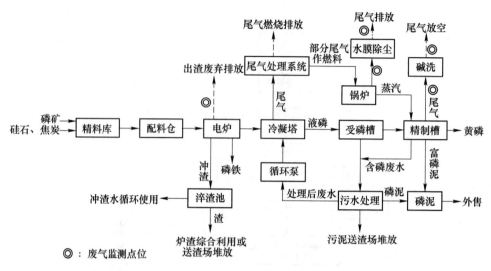

图 2-2　黄磷生产过程中产污点及废气监测点位图

2.3　黄磷尾气成分

2.3.1　黄磷生产原料成分测定

用 X 射线衍射仪（XRD，D/Max 2200）、金属元素分析仪（PULSAR，A30）、等离子体原子发射光谱（Prodigy/ICP·OES）等，测定主要原料磷矿石、硅石、碳主要成分，见表 2-2~表 2-5；并按其工艺对输入、输出物料测定其主要成分，分别见表 2-6、表 2-7，主物料平衡图见图 2-3。

表 2-2　磷矿石成分

磷矿石成分	含量 （质量分数 10^{-2}）1	含量 （质量分数 10^{-2}）2	含量 （质量分数 10^{-2}）3
P_2O_5	6.06	20.89	36.89
SiO_2	38.80	3.61	3.26
CaO	19.42	40.72	51.32
MgO	7.12	8.19	0.43
Fe_2O_3	3.08	1.08	1.04
Al_2O_3	4.06	2.58	0.58
MnO	0.026	0.015	0.024
TiO_2	0.48	0.14	0.037

磷矿石成分	含量 （质量分数 10^{-2}）1	含量 （质量分数 10^{-2}）2	含量 （质量分数 10^{-2}）3
F	0.51	2.05	3.54
CO_2	16.41	18.46	2.15
K_2O	2.63	0.28	0.17
Na_2O	0.14	0.059	0.33
SrO	0.055	0.16	0.077
I	—	0.0059	0.0052
TS	—	0.79	—

表 2-3 磷矿石微量元素

元素名称	含量/mg·g^{-1}	元素名称	含量/mg·g^{-1}	元素名称	含量/mg·g^{-1}
As	9.5	P_2O_5	28.3	Na_2O	0.22
B	0.00218	CaO	48	TS	0.79
Cd	0.00208	SiO_2	3.27	SrO	0.1
Co	0.000059	Fe_2O_3	1.4	I	0.0052
Cr	0.0257	Al_2O_3	1.2	TiO_2	0.1
Cu	0.0011	CO_2	5.12	Zn	0.0253
Hg	55（ng/g）	MnO	0.2	H_2O	6
Mn	0.00188	K_2O	0.2	MgO	5
Ni	0.00326	Ti	0.017	V	0.0153

表 2-4 硅石成分

成分	含量/mg·g^{-1}	成分	含量/mg·g^{-1}	成分	含量/mg·g^{-1}
SiO_2	92.79	Al_2O_3	0.47	P_2O_5	0.06
CaO	0.02	Fe_2O_3	0.66	水	6

表 2-5　碳成分

成分	含量/mg · g^{-1}	成分	含量/mg · g^{-1}	成分	含量/mg · g^{-1}
固定碳	70	Al_2O_3	23.13	MgO	1.76
灰分	14	Fe_2O_3	18.21	挥发分	6
SiO_2	42.01	CaO	5.11	水	10

表 2-6　输入物料、量及主要成分

输入物料	1		2		3	
	数量/kg	成分/%	数量/kg	成分/%	数量/kg	成分/%
焦炭	19037.69	碳 68 水分 6.58 灰分 2.00	15776.56	碳 68 水分 6.58 灰分 2.00	21832.4	碳 68 水分 1.93 灰分 4.57
磷矿石	83984.5	P_2O_5 34 水分 3.16	69490.5	P_2O_5 34 水分 3.16	99320	P_2O_5 34 水分 1.51

表 2-7　输出物料、量及主要成分

输出物料	1		2		3	
	数量/kg	成分/%	数量/kg	成分/%	数量/kg	成分/%
磷渣	79276	SiO_2 38.68 CaO 46.33 P_2O_5 1.82	62000	SiO_2 38.71 CaO 50.09 P_2O_5 1.61	91829	SiO_2 38.68 CaO 49.66 P_2O_5 1.32
磷铁	1350	P_4 20~26 Si 0.1~6	1425	P_4 20~26 Si 0.1~6	1875	P_4 20~26 Si 0.1~6
泥磷	2000	P_4 30	2000	P_4 30	2000	P_4 30
泥磷回收 黄磷量	500	P_4	1000	P_4	1000	P_4
粗磷	8500		8500		12500	
尾气	26480	含颗粒物	22644	含颗粒物	33175	含颗粒物

　　表 2-2～表 2-7，根据黄磷生产工艺（图 2-1）、生产过程产污点位（图 2-2），计算出黄磷生产过程主要物料平衡图（图 2-3），系统输入的物料总计为 367533kg，输出的总量为 358054kg，输入及损失为 9479kg，原料利用率为 5.8%，原料利用率非常低，说明了黄磷生产属于高消耗、低产出的粗放式生产特点。

2.3.2　实际黄磷尾气成分及烟气成分测定

　　生产黄磷副产尾气（标态）2500～4500m^3/t，尾气富含 CO（85%～95%）、热值高达 11704kJ/m^3。作者课题组利用 GASMET FTIR DX4000 便携式气体分析

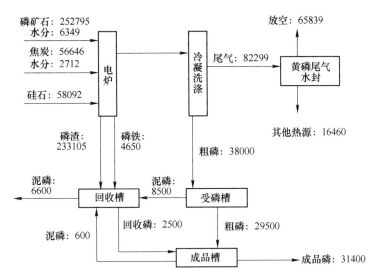

图 2-3　黄磷生产过程主物料平衡图（kg）

仪、专用磷硫在线分析仪 HC-6、GC-14C 气相色谱仪、奥氏气体分析仪、FPD 气相检测仪等，参照表 2-1，烟气成分测定标准对云南省、四川省、贵州省不同地区的黄磷企业黄磷生产流程的不同工段、不同时间所产生的黄磷尾气及不同排放口的烟气进行了现场测试、分析。黄磷炉气的常规成分组成、黄磷炉气粉尘组分、黄磷尾气成分组成、黄磷尾气杂质形态、成分及含量，分别见表 2-8~表 2-11；不同黄磷炉尾气在不同时间测定的有害成分[36~43] 及其含量见图 2-4、图 2-5，有害成分最大值分别见表 2-12 和表 2-13。

表 2-8　黄磷炉气的常规成分

成分	含量/%	成分	含量/%	成分	含量（标态）/g·m^{-3}
CO	85~95	CH_4	0.7~3.5	P_4	300~410
CO_2	2~4	O_2	0.1~0.5	H_2O	30~50
H_2	5~18	N_2	2~10		

表 2-9　黄磷炉气粉尘成分

成分	含量/%	成分	含量/%	成分	含量/%
P_2O_5	28.1	Al_2O_3	2.8	F	1.8
K_2O	7.8	Fe_2O_3	0.6	Cd	0.007
SiO_2	44.8	Zn	0.78	Pb	0.7
CaO	6.4	As	0.0003	S	0.6

表 2-10　黄磷尾气杂质形态的成分及含量

成分	含　量	成分	含　量
CO	85%~95%	H_2	1.0%~8.0%
CO_2	1.0%~4.0%	CH_4	0%~0.30%
O_2	0.1%~0.5%	H_2O	1%~5.0%
N_2	1.0%~6%	颗粒物	500~1500（标态）mg/m^3
总磷	1030~5500（标态）mg/m^3	总硫	600~23000（标态）mg/m^3
PH_3	500~4000（标态）mg/m^3	H_2S	800~22570（标态）mg/m^3
P_4	400~4000（标态）mg/m^3	COS	97~4610（标态）mg/m^3
CS_2	5.4~180（标态）mg/m^3	HCN	100~450（标态）mg/m^3
HF	17.6~600（标态）mg/m^3	AsH_3	1~211.6（标态）mg/m^3
CH_4SH	微量	氟	17~500（标态）mg/m^3
焦油	微量	SiF_4	微量

表 2-11　黄磷炉不同位置的黄磷尾气成分

监测位置	H_2S /mg·m^{-3}	COS /mg·m^{-3}	PH_3 /mg·m^{-3}	CS_2 /mg·m^{-3}	SO_2 /mg·m^{-3}	HCN /mg·m^{-3}	粉尘 /mg·m^{-3}	O_2 体积分数/%	N_2 体积分数/%	CH_4 体积分数/%	CO 体积分数/%
三级收磷后	12829.8	2241.6	644.5	43.1	8.9	225~1100	—	0.25	9.69	0.37	70.49
压缩机后	7748.5	2708.9	673.1	38.7	9.7	145~310	—	0.22	6.22	0.37	73.5
净化洗涤前	8118.8	1863.8	579.1	—	64.1	175~343	252.73	0.04	0.51	0.66	79.03
净化洗涤后	7462.7	2426.1	479.3	—	57.1	75~165	112.53	0.06	0.61	0.64	78.22
净化脱硫后	8.34	2660.4	558.9	—	55.6	41~88	5.77	0.13	0.77	0.47	82.22
净化脱磷后	—	2240.9	0.21	—	55.2	17~45	—	0.69	3.34	0.46	78.85

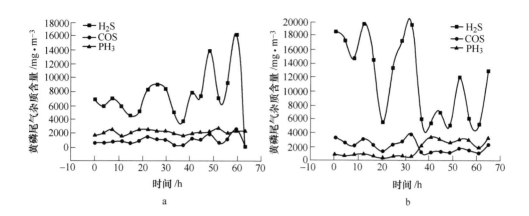

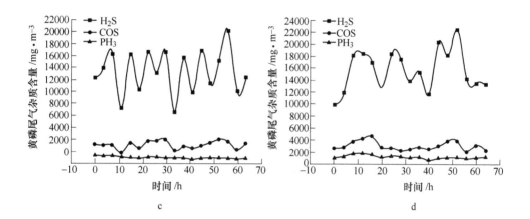

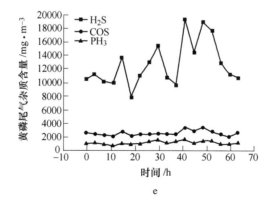

图 2-4 不同时间黄磷尾气的杂质及其含量

a—黄磷厂 1 H_2S、COS、PH_3 测定值；

b—黄磷厂 2 H_2S、COS、PH_3 测定值；c—黄磷厂 3 H_2S、COS、PH_3 测定值；

d—黄磷厂 4 H_2S、COS、PH_3 测定值；e—黄磷厂 5 H_2S、COS、PH_3 测定值

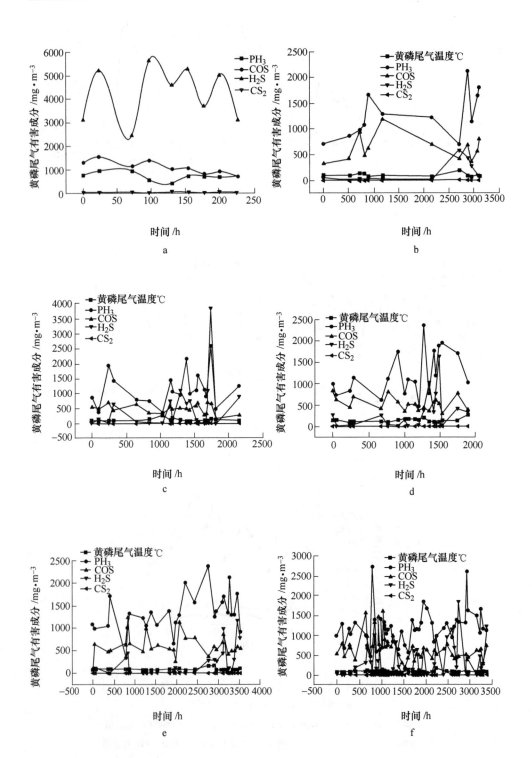

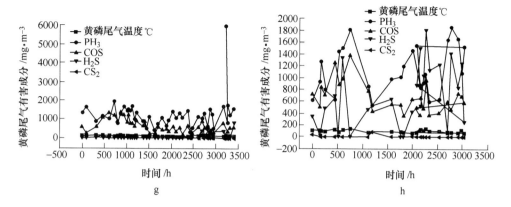

图 2-5　不同黄磷电炉、不同时间黄磷尾气杂质及其含量

a—黄磷炉 1 PH_3、COS、H_2S、CS_2；b—黄磷炉 2 PH_3、COS、H_2S、CS_2；

c—黄磷炉 3 PH_3、COS、H_2S、CS_2；d—黄磷炉 4 PH_3、COS、H_2S、CS_2；

e—黄磷炉 5 PH_3、COS、H_2S、CS_2；f—黄磷炉 6 PH_3、COS、H_2S、CS_2；

g—黄磷炉 7 PH_3、COS、H_2S、CS_2；h—黄磷炉 8 PH_3、COS、H_2S、CS_2

表 2-12　不同黄磷尾气有害成分最大值

图　　示	黄磷尾气测试点	黄磷尾气有害成分 max（标态）/mg·m^{-3}		
		PH_3	COS	H_2S
图 2-4a	黄磷厂 1	3447.21	3320.3	16753.05
图 2-4b	黄磷厂 2	3366.38	3803.9	19674.93
图 2-4c	黄磷厂 3	1081.94	3564.93	20311.73
图 2-4d	黄磷厂 4	1701.99	4608.89	22565.45
图 2-4e	黄磷厂 5	1676.36	3449.19	19324.17

表 2-13　不同黄磷尾气有害成分最大值

图　　示	黄磷尾气测试点	黄磷尾气平均温度/℃	黄磷尾气有害成分 max（标态）/mg·m^{-3}			
			PH_3	COS	H_2S	CS_2
图 2-5a	黄磷炉 1	100.00	969.61	1399.74	5231.17	58.54
图 2-5b	黄磷炉 2	120.09	2138.72	1196.87	592.89	18.99
图 2-5c	黄磷炉 3	123.35	2589.72	690.30	3865.32	15.30
图 2-5d	黄磷炉 4	146.47	2370.20	835.97	1641.38	39.69
图 2-5e	黄磷炉 5	99.00	2371.28	1243.59	1167.43	17.79
图 2-5f	黄磷炉 6	100.44	2723.08	1603.76	1840.14	99.36
图 2-5g	黄磷炉 7	121.93	5971.28	1345.71	805.27	62.44
图 2-5h	黄磷炉 8	100.73	1858.02	1388.37	1805.90	90.72

图 2-5 显示，不同黄磷电炉、不同时间黄磷尾气杂质及其含量，其测定条件和最大值见表 2-13。

图 2-6 显示，不同黄磷电炉、不同时间、不同位置、黄磷尾气杂质及其含量为：

（1）黄磷尾气出口 H_2S：10 ~ 22600mg/m^3，COS：100 ~ 4610mg/m^3，PH_3：400 ~ 6000mg/m^3；粉尘排放量 12.82t/a，粉尘排放浓度 621.1mg/m^3；氟化物排放量 0.496t/a，排放浓度 24.002mg/m^3。其中 CS_2、COS、HCN 是 2008 年课题组才检测到的成分，以前的文献中没有相关成分和含量的报道；AsH_3 含量（标态）从文献中所述的<30mg/m^3，剧增到 211.6mg/m^3，估计是原材料产地和品质更改后导致的。

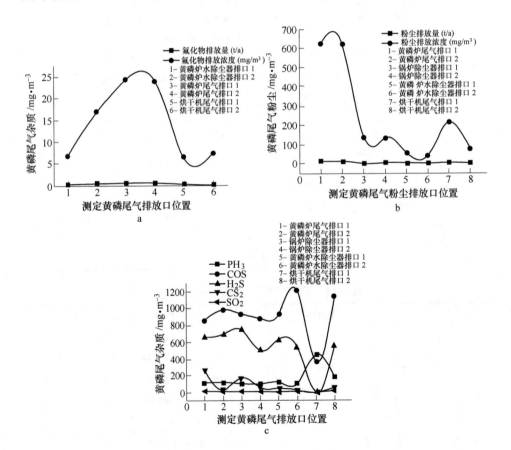

图 2-6 黄磷电炉不同位置、时间黄磷尾气杂质及其含量

a—不同尾气排放口氟化物测定；b—不同尾气排放口粉尘测定；

c—不同尾气排放口 PH_3、COS、H_2S、CS_2、SO_2

（2）黄磷炉水除尘器排口：粉尘排放量 1.14t/a，排放浓度 55.5mg/m³；氟化物排放量 0.35t/a，排放浓度 16.95mg/m³。

（3）烘干机尾气排口：粉尘排放量 4.63t/a，排放浓度 209.5mg/m³；氟化物排放量 0.161t/a，排放浓度 7.318mg/m³；锅炉除尘器排口 SO_2 排放量 22.8t/a，排放浓度 1105.3mg/m³。

3 黄磷尾气燃气腐蚀研究试验与分析方法

3.1 腐蚀研究试验方法及标准

国际上一些重要的标准化组织，如国际标准组织（ISO），美国试验与材料协会（AATM）、法国标准协会（AFNOR）、英国标准学会（BSI）、德国标准学会（DIN）、腐蚀和时效防护联合体（USCAP）、美国腐蚀工程师协会（NACE）、国际电化学委员会（IEC）等，都制定有相应的腐蚀试验标准，本研究采用的腐蚀试验方法及标准见表3-1。

表 3-1　腐蚀试验方法及标准

序号	腐蚀样品制作采用标准
1	JB/T 7091—2001《金属材料实验室均匀腐蚀全浸试验方法》
2	美国材料试验协会《静态氧化简易试验》ASTM G54—77
3	美国材料试验协会《检测工业水的腐蚀》
4	中国冶金工业部标准《抗氧化性能测定方法》YB 48—64
5	《钢的抗氧化性能测定方法》GB/T 13303—91
6	ASTM G52—86《Standard Practice for Exposing and Evaluating Metals and Alloys in Surface Seawater》G52—88（1993）
7	GB 5776—86《金属材料在表面海水中常规暴露腐蚀试验方法》
8	JB/T 7901—2001《金属材料实验室均匀腐蚀全浸试验方法》
9	《不锈钢5%硫酸腐蚀试验方法》GB/T 4334.6—2000
10	GB/T 4334.2—2000《不锈钢硫酸-硫酸铁腐蚀试验方法》
11	GB/T 6461—2002《金属基体上金属和其他无机覆盖层经腐蚀试验后的试样和试件的评级》

3.2 实验材料

根据锅炉运行启动、运行、停炉实际工况，低中压锅炉工作压力≤5.88MPa，工作温度<450℃；高压锅炉工作压力≥9.8MPa，工作温度在450~650℃，锅炉常用钢材为室温及中温承压钢板、钢管和高温承压钢管。所选研究材料执行相关标准 GB 713—2008《锅炉和压力容器用钢板》、GB 13296—2007《锅炉、热交换器用不锈钢无缝钢管》、GB 713—2008《锅炉和压力容器用钢板》、GB 3087—2008《低中压锅炉用无缝钢管》、GB 5310—2008《高压锅炉用无缝钢管》、GB/T 20878—2007《不锈钢和耐热钢》、GB/T 14975—2002《结构用不锈

钢无缝钢管》，同时结合黄磷尾气实际燃气腐蚀因子、现场腐蚀试验环境，选择研究材料和腐蚀挂件材料为：锅炉用钢、发电用材料、常用尾气输送管道材料以及经喷涂处理后材料，材料在中温高压状态下工作，除承受较高压力外，还受到冲击、疲劳载荷及水和汽的腐蚀，有良好的焊接及冷弯性能、一定的高温强度和耐碱性腐蚀、耐氧化等。

（1）工作温度≤500℃的钢材：碳素钢和低合金结构钢，其屈服强度 σ_s = 300~450MPa，具有加入合金元素、固溶强化、结晶强化作用、冲击韧性好、金属表面和内部缺陷少的特点。

选用铁素体-珠光体结构钢 Q345R（原 16MnR、16Mng）、20MnG、专用碳素钢 Q245R（原 20g、20G）。

（2）工作温度高于500℃的钢材：合金热强钢和奥氏体不锈钢。

1）低合金珠光体热强钢 12Cr1MoVG，具有结晶强化，沉淀强化特点。

2）低合金贝氏体热强钢 12Cr2MoWVTiB（钢研 102），具有合金元素多含量少、高温强度高、抗氧化性强的特点。

3）奥氏体不锈钢 18-8 型铬镍奥氏体不锈钢—耐热钢 1Cr18Ni9Ti，具有高温强度高，抗氧化性强，很高的韧性和较好的加工工艺性。

此外还常用的 304（原 0Cr18Ni9，新 06Cr19Ni10）、316L（原 00Cr17Ni14Mo2，新 022Cr17Ni12Mo2）、30 号合金钢、ZL209G、12Cr2MoWVB、超声速喷涂 Q245R、超声速喷涂 1Cr18Ni9Ti、Q345-A、Q235-A、45 号钢、20 号无缝钢管、10 号无缝钢管、不锈钢 00Cr18Mo2、合金 ZL209G、发电用合金、12Cr2MoWVTiB、12Cr1MoVR（原 12Cr1MoVg）、15CrMog、19Mng、22Mng、15MoG、15CrMo、12Cr2MoG、12Cr1MoV 等。

所选研究材料，经测定其化学成分见表 3-2。

表 3-2　试验原材料化学成分表　　　　（质量分数，%）

材料牌号	C	Si	Mn	P	S	Cr	Ni	Al	Cu
Q245R（原20g、20G）	0.14~0.19	0.21~0.24	0.52~0.59	0.011~0.025	0.005~0.014	—	—	0~0.032	
Q345R（原16MnR、16Mng）	0.14~0.16	0.36~0.47	1.42~1.46	0.030~0.032	0.027~0.035	—	—	—	
19Mng	0.15~0.22	0.15~0.22	1.00~1.60	0.026	0.020				
20MnG	0.21	0.21	0.9	0.03	0.03	0.2			
20	0.23	0.21	0.3	0.03	0.02	0.52	0.21	—	0.2
30	0.31	0.24	0.66	0.027	0.018	0.15	0.19	—	0.2
45	0.41	0.35	0.72	0.019	0.023	0.12	0.17	—	0.2
Q235-A	0.18	0.25	0.42	0.039	0.027	—	—		
15MoG	0.12~0.20	0.17~0.37	0.40~0.80	0.025	0.013	0.26	0.25~0.30	—	0.22

材料牌号	C	Si	Mn	P	S	Cr	Ni	Mo	Ti	V	Cu	B	W
1Cr18Ni9Ti	0.1	0.96	1.64	0.027	0.023	18.3	9.63		0.03	—	—	—	—
316L	0.019	0.655	1.37	0.014	0.012	17	13	2					
304	0.03	0.5	1.22	0.024	0.005	17.57	8.29						
12Cr2MoWVTiB	0.1	0.55	0.6		0.025	2.0	—	0.56	0.15	0.005	—	0.005	0.45
12Cr1MoVG	0.14	0.27	0.57	0.035	0.035	1.13	0.3	0.3	—	0.23	0.3		
15CrMog	0.12~0.18	0.15~0.40	0.40~0.70	0.03	0.03	0.80~1.20		0.45~0.60					

3.3　实验设备

实验中采用的主要实验设备包括高温腐蚀研究设备、燃气燃烧特性研究设备、样品制备、组织研究和性能检测四类设备，主要实验研究设备及其型号见表 3-3，腐蚀试验方法及专利研究设备见表 3-4。

表 3-3　主要实验研究设备

序号	仪器类别	仪器型号	用途
1	便携式气体分析仪	GASMET FTIR DX4000	PH_3、P_4、H_2S、COS、CS_2
2	气相检测仪	FPD	烟气成分测定
3	专用磷硫在线分析仪	HC-6	
4	气相色谱仪	GC-14C	燃气成分测定
5	奥氏气体分析仪	HAD-1901 北京恒奥德仪器仪表有限公司	CO_2、C_nH_m、O_2、CO、CH_4、H_2、N_2 等成分测定
6	X 射线光电子能谱仪（XPS）	PHI5600 P-E 公司，美国 PHI 公司，D/Max 2200	物相鉴别
7	扫描电子显微镜（SEM）	CS950S（日本），JSM-6460，Quanta 200F，XL30 ESEM 荷兰飞利浦公司，Hitachi S-530	腐蚀形貌检测
8	能谱分析仪（EDS）	Phoenix 美国 EDAX 公司	物相鉴别
9	线切割机	CKX-24	切割试样毛坯
10	超声波清洗仪	CSF-1A	试样清洗
11	金相镶样机	XQ-2B	制备金相试样
12	金相抛光机	P-2	
13	金相图像分析仪	LIM-2000	微观组织检测
14	真空干燥箱	DZF-200	试样干燥
15	光学显微镜（OM）	Olympus	宏观组织观察
16	X 射线衍射仪（XRD）	D8 Advance，D/Max-2500	物相鉴别
17	透射电子显微镜（TEM）	JEM-200CX（德国），JEM-2011	

序号	仪器类别	仪器型号	用 途
18	显微拉曼光谱仪	MKI1000（英国）	
19	原子吸收光谱仪	SpetrAA-220FS/Z	元素分析
20	金属元素分析仪	PULSAR（A30）（美国利曼 Co.）	
21	红外光谱仪	EQUINOX55（德国 BRUKERT Co.）、Nicolet Magna 560、EQUI-NOX55	元素分析
22	等离子体原子发射光谱	Prodigy/ICP·OES（美国 Leeman）	
23	分析天平	ALC-110.4（0.1mg）（德国艾科勒 ACCULAB）	腐蚀质量增量
24	CHI 760C 电化学工作站	上海辰华仪器有限公司	
25	在线烟气分析仪	增强型多功能烟气分析仪 VARIO PLUS	烟气成分测定
26	气体质量流量计	LZB-15	燃气和空气流量监控
27	燃烧器	自制专利研究设备	燃烧反应设备
28	热电偶	WRN-B 型	燃烧室内温度的测量
29	便携式气体分析仪	GASMET FTIR DX4000	
30	Testo 340 Flue Gas Analyser	Germany	烟气成分
31	TR-630 非接触式红外测温仪	美国	非接触高温测试
32	荧光光谱仪	ZSX100eX	

表 3-4 腐蚀试验方法及专利研究设备

序号	专利类型	专利名称	专利号	发 明 人
1	发明专利	黄磷磷硫多组分高温腐蚀系统和试验方法	ZL200810058710.4	郜华萍，宁平，龙晋明，洪建平，郜烨
2	发明专利	黄磷尾气脱磷专用催化剂 TP201 的制备方法	ZL200810233629.5	宁平，殷在飞，郜华萍
3	发明专利	黄磷尾气分段脱硫磷溶剂再生方法及其所用装置	ZL200910094722.7	宁平，殷在飞，郜华萍
4	发明专利	移动式烧结机机尾烟气循环利用减排二氧化硫新装置	ZL201010597447.3	潘子尧，郜华萍，周洲

序号	专利类型	专利名称	专利号	发 明 人
5	实用新型专利	一种黄磷尾气高温腐蚀模拟试验装置	ZL200820081310.0	郜华萍，宁平，殷在飞，龙晋明，洪建平
6	实用新型专利	一种黄磷尾气燃气锅炉	ZL200920111254.5	郜华萍，宁平，殷在飞，王六生，万荣惠，张仕平，张冬平，马文明，周道路，郜烨
7	实用新型专利	一种黄磷尾气燃气发电装置	ZL200920111253.0	郜华萍，宁平，郜烨
8	发明专利	黄磷尾气燃气净化方法及其装置	CN200910094045.9	郜华萍，宁平，殷在飞，郜烨
9	发明专利	一种含高浓度 CO 尾气燃烧特性检测装置及其方法	CN201110300822.8	郜华萍，周洲，郜烨，宁平

3.4   实验样品制备

原则：形状简单、便于加工，能精确测量受腐蚀的表面积，容易去除腐蚀产物，尽可能增大试样的暴露表面面积与其边棱面积之比，使平行试样及重复试验的结果重现性更好。

腐蚀试验所用的试样的形状和尺寸确定：由于腐蚀过程是试样暴露表面与介质间的相互作用，试样的边棱部位比大面积的表面更易遭到腐蚀，特别对孔蚀和晶间腐蚀等更为敏感。考虑到黄磷尾气有毒有害成分复杂、腐蚀物极强等特点，故研究用腐蚀样品为圆形，见图 3-1。

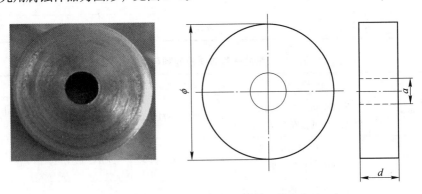

图 3-1   实验室腐蚀试验试样形状及尺寸图

（1）试样尺寸为直径 $\phi=20\sim30\text{mm}$，Q245R：$d=12\text{mm}$，304：$d=10\text{mm}$，为方便悬挂，试样的中间打 $a=4\text{mm}$ 的圆孔，3mm 剪切边棱，按图 3-1 尺寸加工为试验样品。

（2）对试样进行表面处理。用 600 号 SiC 砂纸打磨，使其表面粗糙度达到试验所需求的 $0.3\sim0.5\mu m$，对表面进行抛光除锈、除油、去除氧化皮、去除污垢处理，用酒精清洗，去除杂质和灰尘，放入洗净的长方船形瓷在烘箱内干燥 30min 以上（150~200℃）。每种材料 6 组，每组 3 个平行试样，用游标卡尺准确测量试件尺寸，称重（分析天平，精确度 0.1mg）、编号。

（3）平行试样的数量的选取：为控制试验结果的偶然误差，提高测量结果的准确性，根据试验目的、平均结果所需的精度、预期的个别试样试验结果的分散度、试验材料的均匀性和价格、设备的容量等因素，选取平行试样数为 5 个。

（4）研究设备采用自制的系列腐蚀试验专利设备，黄磷尾气高温腐蚀模拟试验装置见图 3-2，黄磷尾气磷硫多组分高温腐蚀试验装置见图 3-3。

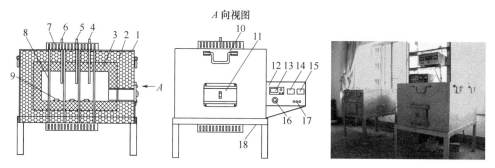

图 3-2　黄磷尾气高温腐蚀模拟试验装置

1—喷漆防锈金属外壳；2—硅酸铝纤维保温层；3—莫来石耐火炉膛；4—出气孔；5—高温热电偶孔；
6—腐蚀介质进孔；7—保护套；8—等径硅碳棒；9—试样；10—把手；11—平开式炉门；
12—可控硅自动温控仪；13—数显温度指示调节仪；14—交流电压表；15—交流电流表；
16—调压旋钮；17—直键开关；18—底座

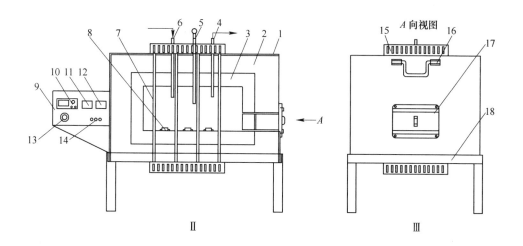

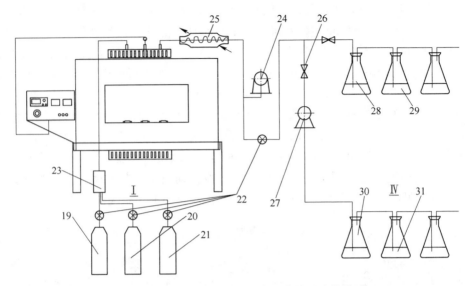

图 3-3　黄磷尾气磷硫多组分高温腐蚀试验装置

Ⅰ—腐蚀介质配气系统；Ⅱ—热控温系统；Ⅲ—处理系统；Ⅳ—浓度测定系统；
1—喷漆防锈金属外壳；2—硅酸铝纤维保温层；3—莫来石耐火炉膛；4—陶瓷管气孔；
5—陶瓷管高温热电偶孔；6—陶瓷管腐蚀介质进孔；7—等径硅碳棒；8—试样；9—KSY 型可控硅
自动温控仪；10—数显温度指示调节仪；11—交流电压表；12—交流电流表；13—调压旋钮；
14—直键开关；15—安全保护罩；16—把手；17—炉门；18—底座；19—N_2 气瓶；20—PH_3 气瓶；
21—H_2S 气瓶；22—浮子流量计；23—混气装置；24—真空泵；25—蛇形冷凝器；26—阀门；
27—小型抽气泵；28—碱液吸收瓶；29—NaOH 溶液；30—浓度检测瓶；31—蒸馏水

3.5　黄磷尾气燃气腐蚀研究

（1）将实际黄磷尾气燃气锅炉不同部位的烧蚀构件，按相关标准（见表 3-1），进行腐蚀形貌测试、腐蚀成分分析。

（2）现场挂件腐蚀研究。将所选材料加工成如图 3-1 所示形状，按腐蚀试验方法及其标准（见表 3-1），将其放置于实际黄磷热水炉中，定期实际燃烧，观察烧蚀情况，并进行相关腐蚀形貌测试、腐蚀成分分析。

3.5.1　腐蚀动力学研究

3.5.1.1　单组分研究环境

选取 Q245R、304、316L、合金等材料，在作者自制专利腐蚀试验装置：黄磷尾气中磷对锅炉材料的低温露点腐蚀试验方法及装置，一种黄磷尾气高温腐蚀模拟试验装置（ZL200820081310.0，图 3-2）中。

低温磷腐蚀研究，按下列步骤，进行不同温度、不同磷酸浓度的腐蚀研究。

（1）将准备好的试样，对表面进行抛光除锈处理，放入烘箱干燥，每种材料 6 组，每组 3 个平行试样，称重、编号。配制不同磷酸浓度溶液（30%、60%、85%），每次选取适量装入待加热的实验烧瓶中。

（2）开启电源，设定所需保温温度（100~200℃），同时在冷凝管中开始输入冷却水，达到设定试验温度后，将试样用聚四氟乙烯样线系住，放入盛有不同磷酸浓度的五口烧瓶。

（3）试验周期为 8h，定期称重时间为 0h、1h、2h、3h、4h、5h、6h、7h、8h。到达称重时间（试验周期和定时称重时间是根据材料的腐蚀情况而定），迅速从烧瓶中取出试样，清水冲净表面腐蚀产物，蒸馏水泡洗后放入烘箱烘干，取出冷却至室温。

（4）在精度为 1/10000 的电子天平上称重。称重完毕后，继续试验，直至下个称重时间点，重复以上步骤。8h 后，关闭装置电源，取出最后一批试样，对腐蚀数据进行分析，绘制腐蚀动力学曲线，并用 XRD、SEM 及 EDS 观察腐蚀试样的表面形貌并分析。

（5）试样放入研究专利装置——磷酸低温露点腐蚀试验装置、黄磷尾气高温腐蚀模拟试验装置（图 3-2），温度控制为：24℃、40℃、100℃、120℃、140℃、150℃、200℃；控制磷酸滴酸速度为：0 滴/min、20 滴/min、60 滴/min，每滴体积为 0.045mL，即 0mol/(L·min)、1.215×10^{-3} mol/(L·min)、3.645×10^{-3} mol/(L·min)。

高温磷腐蚀研究，按下列步骤，进行不同温度、不同磷酸浓度的腐蚀研究。

（1）将准备好的试样，对表面进行抛光除锈处理，放入烘箱干燥，每种材料 6 组，每组 3 个平行试样，称重、编号。

（2）试样放入陶瓷皿，再放入研究专利装置——黄磷尾气高温腐蚀模拟试验装置（图 3-2）、黄磷尾气磷硫多组分高温腐蚀试验装置（图 3-3），温度控制为：150℃、200℃、250℃、300℃、350℃、400℃、500℃、600℃，磷酸浓度分别为：1.215×10^{-3} mol/(L·min)、3.645×10^{-3} mol/(L·min)、2.25×10^{-4} mol/(L·min)、4.5×10^{-4} mol/(L·min)、6.75×10^{-4} mol/(L·min)、9×10^{-4} mol/(L·min)、1.35×10^{-3} mol/(L·min)、1.8×10^{-3} mol/(L·min)。

3.5.1.2 硫酸-硫酸共存研究环境

选取 Q245R、304、316L、合金等材料，在磷尾气磷硫多组分高温腐蚀试验专利装置和黄磷尾气高温腐蚀模拟试验专利装置——一种黄磷尾气高温腐蚀模拟试验装置（ZL200820081310.0）（图 3-2），黄磷尾气磷硫多组分高温腐蚀试验系统和试验方法（ZL200810058710.4）（图 3-3）中，进行不同温度下不同磷酸、硫酸浓度的腐蚀研究。

温度控制：150℃、200℃、250℃、300℃、350℃、400℃、500℃、600℃、700℃。

磷酸浓度分别为 $2.25×10^{-3}$ mol/（L·min）、$4.5×10^{-4}$ mol/（L·min）、$1.35×10^{-3}$ mol/（L·min）。

硫酸浓度分别为 $2.25×10^{-3}$ mol/（L·min）、$9×10^{-4}$ mol/（L·min）、$2.7×10^{-3}$ mol/（L·min）。

按下列步骤，在图 3-2、图 3-3 中，进行不同浓度、不同温度、不同组分下高温腐蚀研究：

（1）将已干燥好的样品，放入瓷方船内，称重、编号，接通电源，将开关调至 ON 挡、数显温度指示调节仪按钮调至设定挡，设定所需保温温度后调至测量挡，调节 KSY 型可控硅自动温控仪的电压至 220V；

（2）开始升温至设定保温温度后，将装有试样的瓷方船放入炉膛，关闭陶瓷管尾气孔，打开从气瓶阀门，调节流量至 15L/min，向莫来石耐火炉膛 3 内充氮气，确保莫来石耐火炉膛 3 内充满氮气，关闭 N_2 气瓶阀门；

（3）启动真空泵对炉膛抽真空，反复三次，通入混合腐蚀介质气体（H_2S+PH_3）（$\frac{\varphi(H_2S)}{\varphi(PH_3)}=1:1$），浓度含量（标态）分别为 $4000mg/m^3$、$3000mg/m^3$、$2000mg/m^3$、$1000mg/m^3$，试验周期为 48h，定期称重时间为 0h、8h、16h、24h、32h、40h、48h；

（4）关闭 PH_3 气瓶、H_2S 气瓶阀门及混气装置，打开 N_2 气瓶，向炉膛中充氮气，清除炉膛内剩余腐蚀气体，关闭 N_2 气瓶，取出方船，立即放入干燥皿冷却至室温，在精度为 1/10000 的电子天平上称重；

（5）称重完毕后，依次打开 N_2 气瓶、真空泵，充氮气，抽真空。

重复以上步骤继续试验。48h 后，关闭 PH_3 气瓶、H_2S 气瓶阀门及混气装置，打开 N_2 气瓶，向炉膛中充氮气清除炉膛内剩余腐蚀气体，关闭装置电源，取出最后一批试样，取空白样和其中 3 个均匀腐蚀相隔的试样，做金相分析、XRD、SEM、EDS 分析。

3.5.2　防止或减缓磷对材料腐蚀的研究

（1）采用金属表面涂层，进行防止或减缓金属材料腐蚀的措施研究。根据腐蚀类别、露点腐蚀和可能出现的腐蚀反应等，采取相应方法进行防护和减缓腐蚀措施的研究，并在实际典型工业尾气燃气设备中进行检验。

（2）探讨黄磷尾气燃气净化杂质的方法，提出经济、可行的净化工艺。

3.5.3 检测方法

3.5.3.1 电化学曲线测量

将试验材料切成标准大小的矩形，用金相砂纸打磨抛光，上部连接铜导线，通体用耐高温胶黏剂封住，中央留 1cm×1cm 面积的正方形。电解质溶液（腐蚀介质）设定为需要溶液浓度，正确连接参比电极，石墨电极和工作电极，连接完毕，进行极化曲线或者塔菲尔曲线、交流阻抗测量，见图 3-4。

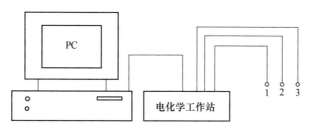

图 3-4 CHI 760C 电化学曲线测量示意图
1—石墨电极；2—参比电极；3—工作电极

极化曲线或塔菲尔曲线测量，对实验参数进行设定：初始电位设为−0.6V，终止电位设为 1.0~3.0V，扫描速度为 8×10^{-4}V/s，灵敏度选择自动。

选择自动灵敏度，在 CHI 760C 电化学工作站进行塔菲尔曲线测量。

均匀的电化学腐蚀速度可以通过测量腐蚀电流密度测定：

$$v = \frac{MI_{corr}}{nF} \qquad (3-1)$$

式中　v——腐蚀速度，g/（cm² · s）；

　　　M——腐蚀金属的相对原子质量；

　　　n——金属离子的价数；

　　　F——法拉第常数 96500C/mol。

其中，腐蚀电流密度：

$$I_{corr} = \frac{I}{S} \qquad (3-2)$$

式中　I_{corr} ——腐蚀电流密度，A/cm²；

　　　I——腐蚀电流，A；

　　　S——面积，cm²。

对于均匀的电化学腐蚀，腐蚀电流密度 I_{corr} 与腐蚀速度 v 可以相互换算。

3.5.3.2 SEM 测量

（1）确定所测试点的试样制作（根据腐蚀和现场构件所使用的位置确定），

具体步骤如下：

  1）线切割确定的测试件位置。

  2）制作测试镶嵌试件。将所需要测试试件进行制作（测试面向下，放入金相试验镶嵌机内，将其打开并加温，将酚醛树脂加满所做试件孔内，旋转并将其盖上扭动旋钮压紧，约4min后下压紧顶上旋盖，同时将侧面旋钮上旋压紧试件，约10min打开上盖，旋转侧旋将试件取出即可）。

  3）镶嵌好的试件用不同粒度的砂纸垂直交叉磨平。

  4）在金相试验抛光机上抛光。

  5）用相应的腐蚀液快速腐蚀抛光好的试件用清水清洗吹干即可。

  （2）在金相显微镜下不同倍数观测其试件晶相结构的变化。

  （3）在光电金相显微镜下不同倍数观测其试件晶相结构的变化。

  （4）进行电镜扫描观测试件腐蚀晶相结构的变化。

3.5.3.3 XRD 检测

利用 X 射线衍射仪（XRD，D/Max-2500）、ZSX100eX 荧光光谱仪测定其主要成分，检测温度 22℃，检测湿度 55%RH。

3.5.3.4 电感耦合等离子体质谱测定腐蚀产物元素

利用电感耦合等离子体质谱 CS950S（PerkinElmer DRC Ⅱ，Inductively Coupled Plasma-Mass Spectrometry）测定腐蚀产物元素。测定条件：雾化气流速：0.90mL/min；辅助气流速：1.2mL/min；冷却气流速：15.0mL/min；ICP 功率：1150W；数据采集：Sweeps/Reading：20，Replicates：3；定量方法：内标准法（内标元素：Rh 10×10^{-9}）。

4 实际黄磷尾气烧蚀部件的腐蚀产物组织特征

4.1 实际黄磷尾气燃气烧蚀构件的腐蚀显微特征

考察云南某黄磷生产企业，三台敞开式黄磷尾气燃气热水锅炉（图 4-1），对其烧蚀构件取样，材质为 20 号优质碳素钢，使用约 4 个月被黄磷尾气燃气烧蚀击穿已失效的换热管（图 4-2a），有大量腐蚀不均匀的黑色、灰褐色腐蚀鼓疱、结块以及磷、硫等有害物质的高温燃烧后的呈灰褐色和乳白色的产物，有大量黏结在换热管上的腐蚀产物垢渣和结晶体（图 4-2b）并有脱落，腐蚀减薄和孔蚀严重；材质为 45 号合金钢 DN100，使用约 3 个月烧蚀失效的输气喷火管（图 4-2c），被严重腐蚀和孔蚀所报废；16MnR 仅使用 5 个月的燃气出口接管，因严重腐蚀失效（图 4-2d），有大量高温燃烧后的呈灰褐色和乳白色的产物黏附于管口及管壁上，并有块状物掉落；使用了 5 个月的黄磷尾气输送变径管、输送三通管、输送弯管，被黄磷尾气燃气烧蚀、因腐蚀击穿失效（图 4-2e～f）。黄磷尾气燃气燃烧后形成的垢渣和结晶体，见图 4-3；其燃气喷火管仅使用 3 个月，腐蚀击穿失效及其粘附产物见图 4-4。

黄磷尾气作为燃气利用时，不足 5 个月，其接触燃气的部件因严重腐蚀不能继续使用必须更换，频繁停车更换部件，大大缩短了燃气设备使用寿命、增加了生产成本。

a   b

图 4-1　研究用敞开式黄磷尾气燃气热水锅炉

a—高温腐蚀研究黄磷尾气燃烧炉；b—腐蚀挂件位置

a

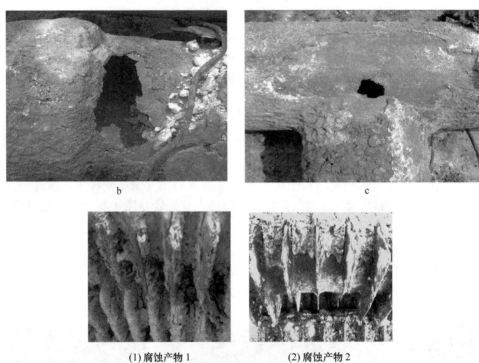

b

c

(1) 腐蚀产物 1

(2) 腐蚀产物 2

(3) 腐蚀穿孔

d

(1) 腐蚀的燃气输送三通管

(2) 腐蚀黏附物

e

(1) 腐蚀的尾气输送弯管1

(2) 腐蚀的尾气输送弯管2

f

图4-2 被黄磷尾气腐蚀击穿失效的部件

a—黄磷尾气燃气烧蚀的热水炉U形换热管（2008年10月，使用4个月）；

b—腐蚀的尾气输送变径管（2013年3月，使用5个月）；

c—腐蚀的尾气输送三通管（2013年3月，使用5个月）；

d—黄磷尾气热水炉受热管腐蚀穿孔（2008年10月，使用4个月）；

e—被腐蚀的黄磷尾气燃气出口接管及其腐蚀产物（2013年3月，使用5个月）；

f—输送弯管（2013年3月，使用5个月）

a

b

c

图4-3 黄磷尾气燃气燃烧后形成的垢渣和结晶体

a—燃烧后形成的垢渣1；b—燃烧后形成的垢渣2；c—燃烧后形成的结晶体

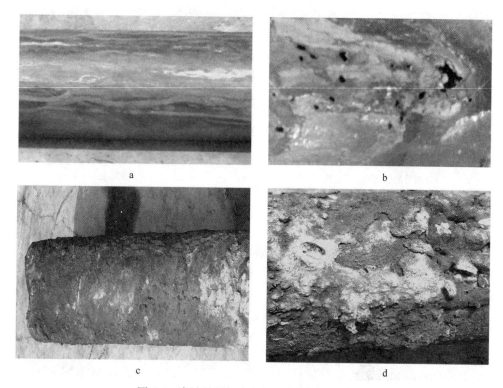

图 4-4　腐蚀的尾气喷火管及其黏附腐蚀产物

a—腐蚀管道（2008 年 10 月，使用 3 个月）；b—腐蚀孔（2008 年 10 月，使用 3 个月）；
c—腐蚀管道（2013 年 3 月，使用 3 个月）；d—腐蚀产物（2013 年 3 月，使用 3 个月）

4.2　实际黄磷尾气燃气烧蚀构件的垢渣和结晶体

4.2.1　XDR 测定

　　将图 4-2a～c 所示黄磷尾气燃气热水锅炉烧蚀构件上，刮下烧蚀产物研磨成粉，制备 XRD 试样：用研钵研磨成足够细的粉末，内层的粉末撒在开槽的玻璃片上并压实压平后，为了防止粉末脱落，用酒精润湿，外层的粉末没有润湿。XRD 测定结果如图 4-5 所示，腐蚀产物主要有 Fe_3PO_7、$Fe_2P_4O_{12}$、$C_{18}H_{18}O_2$、$FeCO_3$，XDR 误差分析见表 4-1。

　　图 4-5XRD 误差见表 4-1。I/I_1 的值与标准值相比误差较大，误差均在 20%～30% 之间，个别衍射峰达 50%。标定过程得知，Fe_3PO_7 和 $Fe_2P_4O_{12}$ 的匹配性较好，有相当多的衍射峰都能找到卡片上的对应峰，而 $C_{18}H_{18}O_2$ 的标准卡上衍射峰较少，匹配性能稍差。$2\theta = 10°$ 处应该还有一个衍射峰，但是上述三种物相的卡片中没有与之对应的衍射峰。

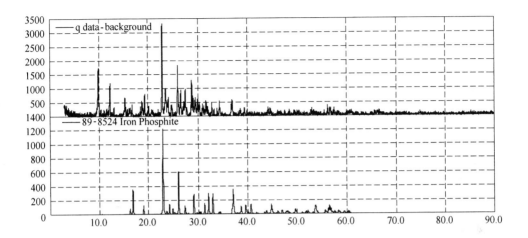

a

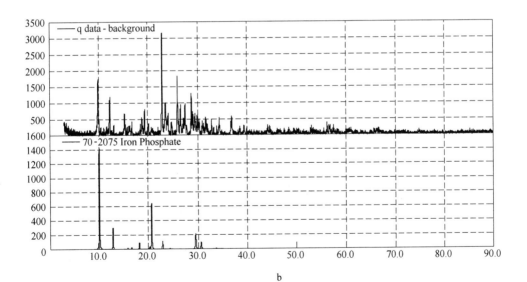

b

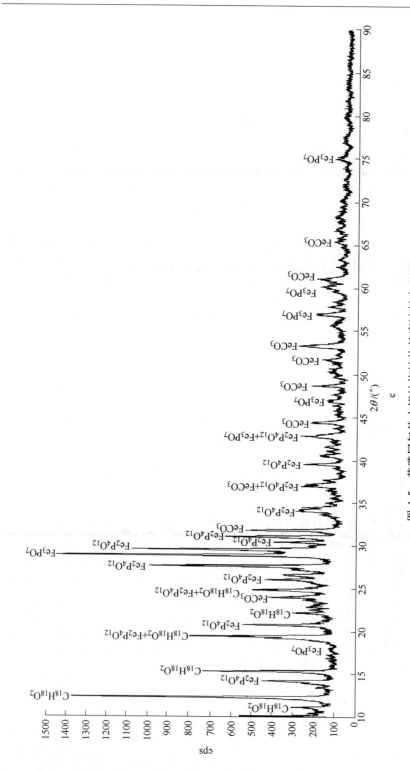

图 4-5　黄磷尾气热水锅炉烧蚀构件腐蚀粉末 XRD

a—黄磷尾气燃气热水锅炉烧蚀构件（图 4-2a, b）腐蚀产物 XRD；b—黄磷尾气燃气热水锅炉热气烧蚀构件（图 4-2c~f）腐蚀产物 XRD；
c—黄磷尾气热水锅炉烧蚀构件（图 4-3）腐蚀产物 XRD

表 4-1　XRD 检测误差

相	卡片编号	三强峰 d 值/nm	标准值/nm	误差/%
Fe_3PO_7	76-1761 （可靠度：C）	0.309105	0.30943	0.10509
		0.307023	0.30754	0.16818
		0.161743	0.16258	0.51482
$Fe_2P_4O_{12}$	76-0223 （可靠度：C）	0.302142	0.30174	0.13331
		0.621455	0.61987	0.25567
		0.427109	0.42634	0.18032
$C_{18}H_{18}O_2$	46-1965 （可靠度：O）	0.715526	0.71583	0.04253
		0.456237	0.45359	0.58347
		0.358143	0.3578	0.09579

4.2.2　腐蚀产物元素测定

取黄磷尾气热水锅炉及烧蚀构件靠喷火嘴位置下形成的垢渣和结晶体，呈乳白色块状，将其研磨成粉。

（1）利用电感耦合等离子体质谱 CS950S （PerkinElmer DRC Ⅱ） Inductively Coupled Plasma-Mass Spectrometry 测定腐蚀产物元素。测定条件：雾化气流速：0.90mL/min；辅助气流速：1.2mL/min；冷却气流速：15.0mL/min；ICP 功率：1150W；数据采集：Sweeps/Reading：20，Replicates：3；定量方法：内标准法（内标元素：Rh 10×10^{-9}）。测试结果见表 4-2。

（2）利用 X 射线衍射仪（XRD，D/MAX-2500）、ZSX100eX 荧光光谱仪测定其主要成分，检测温度 22℃，检测湿度 55%RH，检测时间：2009.11.5～11.11，检测结果见表 4-3。

表 4-2　垢渣和结晶体 X 衍射（XRD）检测结果　　（质量分数,%）

检测元素	检测数据	检测元素	检测数据	检测元素	检测数据
C	7.01	K_2O	0.189	NiO	0.186
Na_2O	2.18	CaO	0.203	CuO	0.0128
MgO	0.911	TiO_2	0.122	ZnO	0.0678
Al_2O_3	4.57	V_2O_5	0.0076	ZrO_2	0.0062
SiO_2	5.26	Cr_2O_3	0.7678	MoO_3	0.0083
P_2O_5	54.4	MnO	0.0915	BaO	0.0384
SO_3	0.172	Fe_2O_3	23.7		

表 4-3　垢渣和结晶体 X 衍射（XRD）检测结果　　（质量分数，%）

检测元素	检测数据		检测元素	检测数据	
Li	16200	10500	Ag	305	181
Be	86.8	62	Cs	818	423
Mg	731000	402000	Ba	17800	4460
Sc	1130	777	La	703	302
V	28800	28600	Ce	47000	26100
Cr	65000	79200	Pr	186	85.6
Co	9020	16600	Nd	5180	2670
Ni	23100	41400	Sm	142	61
Cu	207000	137000	Eu	31.5	12.4
Zn	131000	190000	Gd	795	450
Ga	4640	4470	Tb	37.6	18.2
As	47100	33200	Ho	25.6	10.7
Se	3430	2380	Er	1290	706
Rb	7660	4570	Tm	11.4	4.17
Sr	7610	3690	Yb	74.9	36.1
Y	916	396	Lu	10.9	5.06
Tl	172	95.7	Th	179	98.6
Pb	54400	34400	U	101	44.4
Bi	153	80.3			

4.2.3　XPS 测定

　　将图 4-2～图 4-4 黄磷尾气燃气烧蚀构件的垢渣和结晶体进行 X 射线光电子能谱（XPS）测定分析，其燃烧产物 P、As、Si，所对应的能谱图 XPS 见图 4-6～图 4-13；主要燃烧腐蚀产物有 P、S、As、Fe，所对应的能谱图 XPS 见图 4-14～图 4-18。对照 Perkin-Elmer Corporation 标准手册，找出其峰值对应的结合能，主要燃烧产物 P、As、Si 化学形态见表 4-4 和表 4-5；主要燃烧腐蚀产物有 P、S、As、Fe 化学形态见表 4-6。

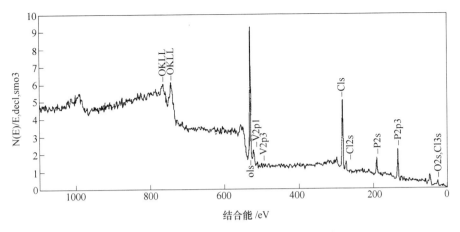

图 4-6 垢渣（黄磷热水锅炉外）XPS 全谱图

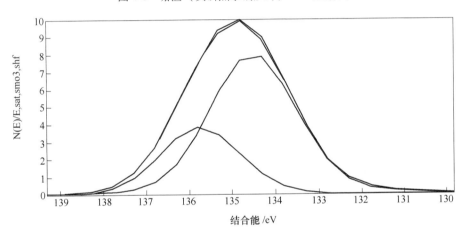

图 4-7 垢渣（黄磷热水锅炉外）P 物质 XPS 窄谱图

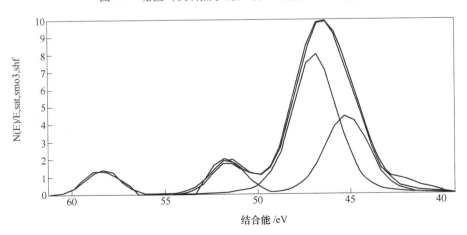

图 4-8 垢渣（黄磷热水锅炉外）As 物质 XPS 窄谱图

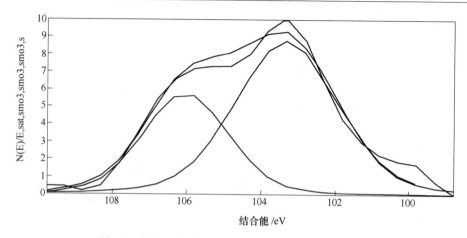

图 4-9　垢渣（黄磷热水锅炉外）Si 物质 XPS 窄谱图

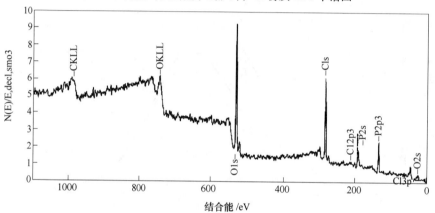

图 4-10　垢渣（黄磷热水锅炉内）XPS 全谱图

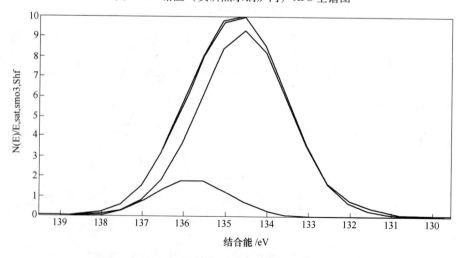

图 4-11　垢渣（黄磷热水锅炉内）P 物质 XPS 窄谱图

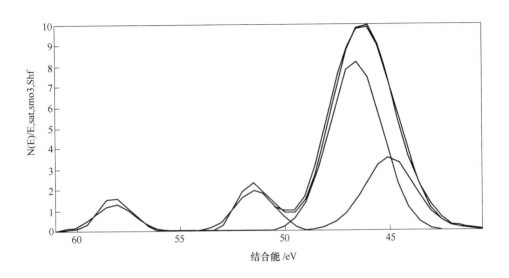

图 4-12 垢渣（黄磷热水锅炉内）As 物质 XPS 窄谱图

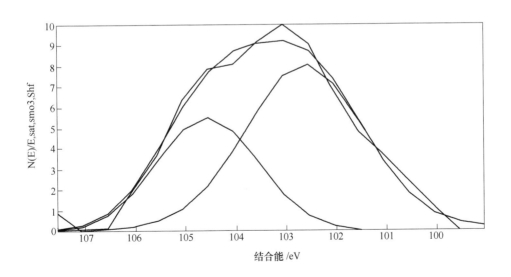

图 4-13 垢渣（黄磷热水锅炉内）Si 物质 XPS 窄谱图

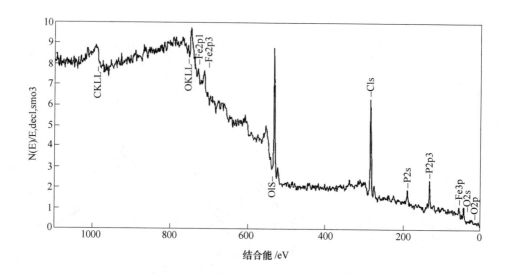

图 4-14　黄磷尾气燃气输气管内壁腐蚀剥落物的 XPS 全谱图

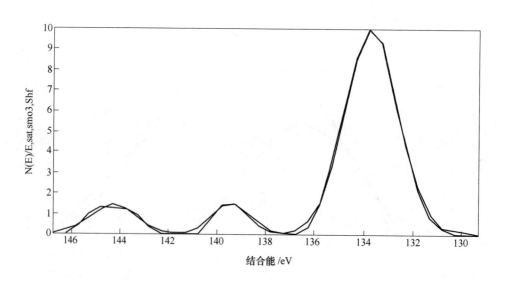

图 4-15　黄磷尾气燃气输气管内壁腐蚀剥落物 P 物质 XPS 窄谱图

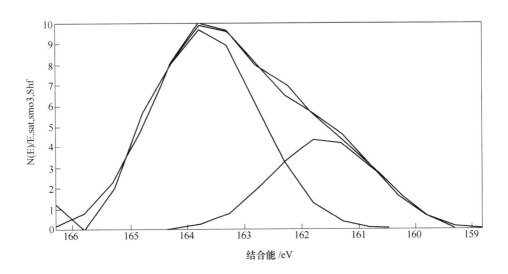

图 4-16　黄磷尾气燃气输气管内壁腐蚀剥落物 S 物质 XPS 窄谱图

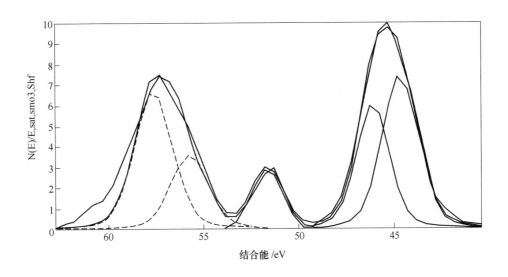

图 4-17　黄磷尾气燃气输气管内壁腐蚀剥落物 As 物质 XPS 窄谱图

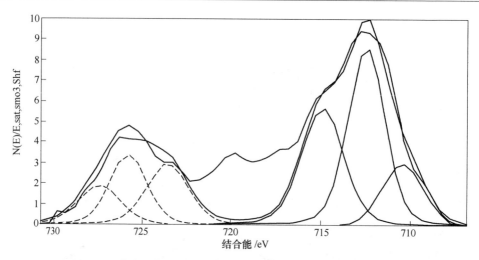

图 4-18　黄磷尾气燃气输气管内壁腐蚀剥落物 Fe 物质 XPS 窄谱图

表 4-4　垢渣（黄磷热水锅炉外）P、As、Si 物质 XPS 扫描数据

元素	区域编号	结合能/eV	强度	峰半高宽	峰面积/%	化学形态
P2p	1	134.55	1139	2.45	68.53	磷酸盐或焦磷酸盐
	2	135.65	546	2.34	31.47	P_4O_{10}：135.3
As3d	1	45.18	250	2.80	29.64	As_2O_3：44.9
	2	46.89	448	2.84	53.80	砷酸盐或亚砷酸盐
	3	51.53	106	2.20	9.59	—
	4	58.34	80	2.25	6.97	—
Si2p	1	103.30	47	3.24	64.47	SiO_2：103.3
	2	106.02	31	2.70	35.53	硅酸盐

表 4-5　形成的垢渣（黄磷热水锅炉内）P、As、Si 物质 XPS 扫描数据

元素	区域编号	结合能/eV	强度	峰半高宽	峰面积/%	化学形态
P2p	1	134.57	1278	2.55	86.14	磷酸盐或焦磷酸盐
	2	135.81	256	2.13	13.86	P_4O_{10}：135.3
As3d	1	45.01	179	2.80	25.50	As_2O_3：44.9
	2	46.62	414	2.99	57.76	砷酸盐或亚砷酸盐
	3	51.45	98	2.20	9.99	—
	4	58.19	66	2.20	6.75	—
Si2p	1	102.62	57	2.77	64.34	亚硅酸盐
	2	104.57	39	2.33	35.66	SiO_2：103.3

表 4-6　黄磷尾气燃气输气管内壁腐蚀剥落物 XPS 扫描 P、S、As、Fe 数据

元素	区域编号	结合能/eV	强度	峰半高宽	峰面积/%	化学形态
P2p	1	144.28	162	2.20	9.99	—
	2	139.44	173	1.70	8.23	—
	3	133.71	1134	2.54	81.77	磷酸盐或者焦磷酸盐

元素	区域编号	结合能/eV	强度	峰半高宽	峰面积/%	化学形态
Fe2p	1	727.42	185	2.80	8.02	
	2	725.80	332	2.42	12.43	—
	3	723.57	289	2.80	12.51	
	4	714.92	550	2.80	23.85	FeF_3：714.2
	5	712.46	843	2.45	31.92	FeS：712.2
	6	710.40	293	2.72	11.27	Fe_3O_4：710.4
S2p	1	163.69	113	2.23	69.61	CS_2：163.7
	2	161.60	51	2.14	30.39	FeS：161.0
As3d	1	57.62	336	2.30	27.02	
	2	55.76	178	2.30	14.29	
	3	51.64	142	1.87	8.50	
	4	46.13	302	2.03	21.47	As_2O_5：46.2
	5	44.67	366	2.30	28.73	As_2O_3：44.9

结论：黄磷尾气燃气燃烧产物主要化学形态：磷酸盐/焦磷酸盐、砷酸盐/亚砷酸盐、硅酸盐/亚硅酸盐，还含有 CS_2、As_2O_3、FeF_3、As_2O_5、Fe_3O_4、FeS、SiO_2、P_4O_{10}、FeS 等物质，表明了与黄磷尾气燃气相接触的热水炉受热元件，其腐蚀产物还沉积了相当含量的磷氧化物，由于黄磷尾气中 PH_3 的存在，加速了对燃气设备金属材料的腐蚀。

4.3　实际黄磷尾气燃气设备现场烧蚀金属构件

将黄磷尾气燃气热水锅炉烧蚀构件图（见图 4-2~图 4-4）清理外层的疏松物后，对烧蚀的换热管（图 4-2）在 5000 倍的扫描电镜 SEM 观察（见图 4-19），其

图 4-19　烧蚀换热管 SEM 微区分析（5000×）

相应区域的腐蚀产物 SEM 及其对应的能谱 EDS 分析见图 4-20, 分析结果见表 4-7; 输气喷火管 (图 4-2) 腐蚀产物 SEM 及其对应的能谱 EDS 分析见图 4-21, 分析结果见表 4-8。

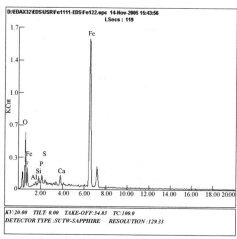

a　　　　　　　　　　　　　　　　b

图 4-20　烧蚀换热管 (图 4-2) SEM 及 EDS

a—SEM 50×；b—EDS

表 4-7　烧蚀构件换热管 (图 4-1) 不同微区能谱 EDS 分析结果

元　素		O	F	Mg	Al	Si	P	S	K	Ca	Fe
区域 1	质量分数/%	39.21	—	—	—	—	—	26.05	—	31.68	3.07
	原子分数/%	59.65	—	—	—	—	—	19.77	—	19.24	1.34
区域 2	质量分数/%	11.11	2.97	0.82	0.88	1.37	1.91	1.77	0.64	5.50	73.03
	原子分数/%	27.30	6.14	1.32	1.29	1.92	2.43	2.16	0.65	5.40	51.40
区域 3	质量分数/%	12.46	4.85	0.93	1.40	3.16	2.81	5.10	3.60	15.60	50.08
	原子分数/%	27.19	8.90	1.34	1.81	3.93	3.17	5.55	3.22	13.59	31.30

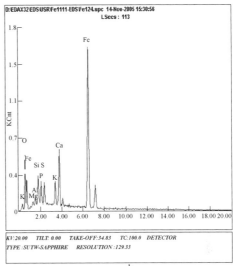

a

b

图 4-21　烧蚀的输气喷火管（图 4-2）SEM 及 EDS

a—SEM（100×）；b—EDS

表 4-8　烧蚀喷火管能谱 EDS 分析结果

	元　素	O	F	Mg	Al	Si	P	S	K	Ca	Fe
样品 1	质量分数/%	11.96	1.81	—	0.83	1.57	1.80	0.74	—	1.77	80.15
	原子分数/%	30.43	2.53	—	1.25	2.27	2.37	0.94	—	1.80	58.41
样品 2	质量分数/%	12.82	4.23	1.00	1.21	3.67	2.20	2.35	3.10	7.83	61.58
	原子分数/%	29.02	8.06	1.49	1.62	4.73	2.57	2.65	2.87	7.08	39.92

从表 4-7 和表 4-8 黄磷尾气燃气烧蚀构件能谱 EDS 成分分析结果可知，其烧蚀后有大量的 F、O、P、S、Si 以及 Ca 等元素（与原材质 45 号钢成分出入很大），P、S 元素的含量明显增加，其化学形态复杂，存在单质、氧化物、酸根离子等，黄磷尾气中的 P、S 等元素与喷火嘴 30 号合金钢的 Fe 高温反应，生成 FeP_2、FeP、Fe_2P 和 Fe_3P 等，燃气中存在磷的酸根离子，经高温过燃烧后，使其材料生成的酸性氧化产物及磷酸铁等，这些腐蚀产物由于温度差以及内外层应力差而导致破碎剥落，使得喷火嘴等腐蚀部位的 Fe 元素含量明显减少。

4.4 实际黄磷尾气燃气挂件腐蚀研究

4.4.1 研究挂件

将图 4-23 所示加工好的现场挂件材料和形状，在实际黄磷尾气燃气锅炉内进行腐蚀试验研究，为防止在黄磷尾气燃气燃烧过程中引起腐蚀粘连，用陶瓷管将试件隔开用不锈钢线穿入加工好的研究材料（图 4-22），放入实际黄磷尾气燃气锅炉燃烧室、换热管壁（见图 4-22），定期实际燃烧同时观察其烧蚀情况，对其腐蚀产物进行 X 射线光电子能谱分析（XPS）、扫描电镜 SEM 观察其腐蚀形貌分析，并进行相应区域的 EDS 腐蚀成分分析。

a

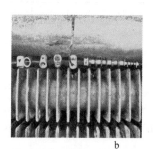

b

图 4-22 不同材料在实际黄磷尾气燃气热水锅炉现场腐蚀研究试验位置和放置方式

a—2006.8.11~2006.9.19 黄磷燃气现场腐蚀挂件实验燃气炉及样件位置；

b—2007.6.29.~2007.11.29 黄磷燃气现场腐蚀挂件及其位置

| 20 | Q245R | 12Cr1MoVG | 20MnG |

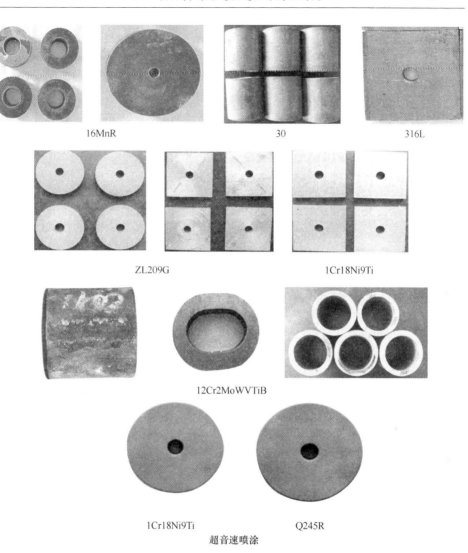

图 4-23 实际黄磷尾气燃气燃烧腐蚀研究挂件材料

4.4.2 送检样品

将上述实际黄磷尾气燃气锅炉烧蚀挂件在清华大学检测，样品清单见表 4-9，测试样品及其编号见图 4-24。

表 4-9 送清华大学 SEM、EDS、XRD 等测试样品

样品编号	材　料	特点	尺寸 /mm×mm×mm	燃烧费事时间 /h	挂件在黄磷尾气 燃气锅炉的位置
A	Q245R（20g）	长方形	27×28.5×7	3672	背火焰口 A1；迎火焰口 A2、A3

样品编号	材　料	特点	尺寸 /mm×mm×mm	燃烧费事时间 /h	挂件在黄磷尾气 燃气锅炉的位置
B	ZL209G	方形、轻	30×30×5	3672	背火焰口 B1；迎火焰口 B3、B4
C	ZL209G	圆形片	ϕ30	3672	背火焰口 C1；迎火焰口 C3、C4
D	合金	方形	30×30×5.3	3672	背火焰口 D1、D2；迎火 焰口 D3、D4
E	Q245R (20g)	小圆形环	ϕ39.8	3672	背火焰口 E1；迎火焰口 E3、E4
F	20	圆环	ϕ49.5~41.2	3672	背火焰口 F1、F2；迎火焰 口 F3、F4
G	16MnR	圆形	ϕ49.5	3672	背火焰口 G1、G2；迎火 焰口 G3、G4
H	12Cr1MoV	管	ϕ38	3672	背火焰口 H1；迎火焰 口 H2
I	16MnR	管	ϕ46.2	3672	背火焰口 I1、I2；迎火焰 口 I3、I4
J	Q245R (20g)	管	ϕ64.4	3672	背火焰口 J1；迎火焰口 J3、J4
K	20	管	ϕ75.5	3672	背火焰口 K1、K2；迎火 焰口 K3、K4
L	12Cr2MoWVTiB (102)	椭圆		3672	背火焰口
M	12Cr2MoWVTiB (102)	椭圆		3672	背火焰口
N1	1Cr18Ni9Ti （超音速喷涂）	方形圆孔	30×30×5	3672	背火焰口
N2	Q245R （超音速喷涂）	方形圆孔	30×30×5	3672	背火焰口
O1	1Cr18Ni9Ti （不锈钢）	圆形、超音 速喷涂	ϕ50	3672	背火焰口
O2	1Cr18Ni9Ti （不锈钢）	圆形、超音 速喷涂	ϕ50	360	火焰
P	Q245R	圆形片	ϕ30	360	火焰
Q	Q245R	管	ϕ10	360	背火焰口
S	Q245R	长方形	400×300×20	3672	背火焰口

注：ϕ 为外径。

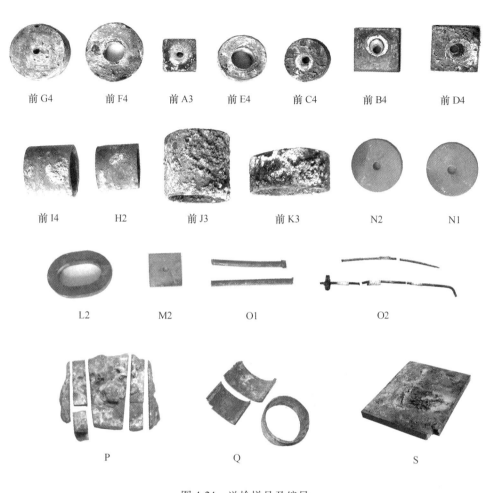

前 G4   前 F4   前 A3   前 E4   前 C4   前 B4   前 D4

前 I4   H2   前 J3   前 K3   N2   N1

L2   M2   O1   O2

P   Q   S

图 4-24   送检样品及编号

4.4.3   实际黄磷尾气燃烧腐蚀挂件腐蚀产物 XRD、SEM、EDS

将图 4-24 所示腐蚀挂件，经不同时间在实际黄磷尾气燃气热水锅炉中燃烧后（实测黄磷尾气燃气介质温度 700~950℃），采用清华大学 S-450 扫描电子显微镜、高分辨衍射仪（D8-Discovre 型）进行燃烧产物和腐蚀产物形貌测定、成分鉴别。

（1）2006.8.11.~2006.9.19，在黄磷热水锅炉中燃烧 936h，其中高温燃烧时间 360h 后的样品。

（2）2007.6.29.~2007.11.29、2007.6.18~2007.11.3 在黄磷热水锅炉中燃烧 3672h，其中高温燃烧时间 1582h 后的样品。

4.4.3.1 样件表面形貌

从样件在黄磷尾气燃烧锅炉中腐蚀试验后的表面形貌看，超音速喷涂 EPK 公司非晶态涂层处理后的 N1 和 N2 看不出任何腐蚀的痕迹，其尺寸无变化。

其余样件腐蚀严重。在图 4-24 中看到的样件，其表面严重腐蚀层并有不同程度脱落后，表面凸凹不平，大部分都比原尺寸（图 4-23）明显减小（解剖分析也证明，仅有一定厚度的腐蚀层能附着在基体金属上）。L2（12Cr2MoWVTiB）是低合金贝氏体热强钢，在除 N1 和 N2 以外所有试件中，从外表观察它是腐蚀程度最轻微的，其表面带有色彩但较光滑（但解剖分析表明，其腐蚀程度同样严重，但腐蚀层不像其他材料那样容易脱落）。

4.4.3.2 样件 SEM 和 EDS

对样件在黄磷尾气燃烧锅炉中腐蚀试验后的表面观察及附着物结合特征观察，样件尽管腐蚀程度不一，样件表面的被腐蚀层有不同程度的脱落，表面凸凹不平，大部分都比原尺寸明显减小（解剖分析也证明，仅有一定厚度的腐蚀层能附着在基体金属上），腐蚀很严重。对 A3、B4、C4、D4、E4、H2、J3、O 和 S 等 12 件金属样块进行了解剖；试件断面金相分析和扫描电子显微镜（包括 CS950 扫描电镜、高分辨率场发射扫描电镜 JEOL-6301F 和 Hitachi-S4500）观察及电子探针（能谱）微区成分分析。

A   A3、E4、J3、K3、S、P、Q、O2

A3、E4、J3、K3、S、P、Q、O2 其基体组织为细晶粒铁素体，基体材料均为锅炉钢 Q245R（20g、20G）上有少量呈块状及带状分布的珠光体（图 4-25a 和图 4-26a）。

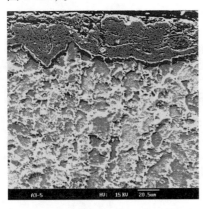
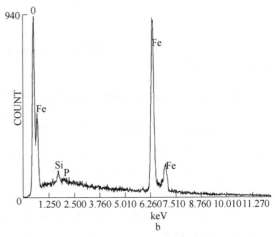

图 4-25 A3 微观组织及微区能谱

a—A3 腐蚀产物 SEM（500×）；b—表层（a 上部）微区能谱 EDS

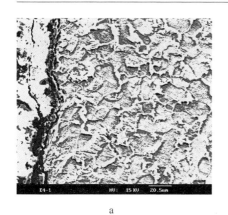
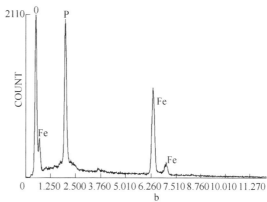

图 4-26 E4 微观组织及微区能谱

a—E4 腐蚀产物 SEM（500×）；b—表层（a 上部）微区能谱 EDS 分析

未喷涂非晶粉的样件表面残留腐蚀产物层深度约为 10μm 量级（图 4-25a 和图 4-26a）。对表层（腐蚀产物）的电子探针微区成分分析表明，该区域富 Fe、P 和 O（图 4-25b、图 4-26b 和表 4-10）。

表 4-10 E4 表层电子探针微区成分分析结果

元素	质量分数/%	原子分数/%
O	33.5	50.6
P	16.0	14.7
Fe	50.5	25.7

锅炉钢 Q245R 材料样件 O 在实际黄磷尾气燃气锅炉焰火中燃烧 360h 后，表面腐蚀极其严重、变形。图 4-27a、图 4-27b 组织形貌分别为锅炉钢 Q245R 材料样件 O2 腐蚀表面 1000 倍、500 倍 SEM；图 4-27c、图 4-27d、图 4-27e 分别为锅炉钢 Q245R 材料样件 O2 腐蚀层与基体交界处腐蚀表面 10000 倍、1000 倍、10000 倍 SEM。

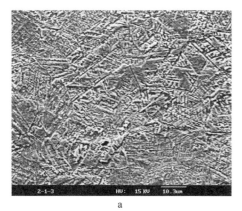

a   b

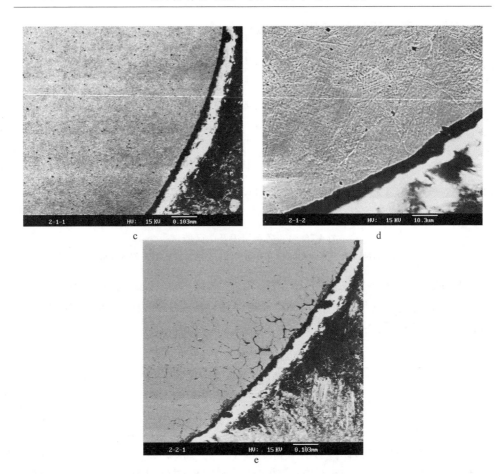

图 4-27　Q245R（O2 样件）经实际黄磷尾气燃烧 360h 后的组织形貌

a—Q245R-O2 腐蚀表面 SEM（1000×）；b—Q245R-O2 腐蚀表面 SEM（500×）；
c—Q245R-O2 腐蚀层与基体交界处 SEM（10000×）；d—Q245R-O2 腐蚀层与基体交界处 SEM（1000×）；
e—Q245R-O2 腐蚀层与基体交界处 SEM（10000×）

　　将烧蚀的腐蚀产物刮下后观察，发现呈块状或粉状；对从 K3 件上刮下的腐蚀产物的电子探针微区成分分析结果和前面一致，富 Fe、P 和 O（表 4-11）；对从 J3、K3 件上刮下的腐蚀产物的 XRD 分析结果表明（图 4-28 和图 4-29），该腐蚀产物是 $Fe(PO_3)_3$，可能是燃烧产物沉积到基体上后发生了化学反应；对从大块板 S 上刮下的腐蚀产物进行 XRD 分析（图 4-30），发现除了 $Fe(PO_3)_3$，还有纯 P 的沉积和 P 的氧化物 P_4O_9。

表 4-11　K3 表层刮下的腐蚀产物电子探针微区成分分析结果

元素	质量分数/%	原子分数/%
C K	16.17	26.48
O K	43.11	52.99

元素	质量分数/%	原子分数/%
Si K	0.54	0.37
P K	21.28	13.51
Fe K	18.90	6.65
总量	100.00	

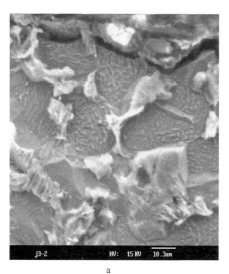

a

b

图 4-28　J3 微观组织、刮下的腐蚀产物形貌及 XRD

a—J3 表层形貌（1000×）；b—刮下的腐蚀产物形貌；c—XRD

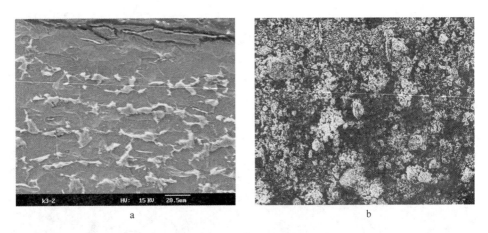

图 4-29　K3 表层及刮下的腐蚀产物形貌

a—K3 表层形貌（500×）；b—刮下的腐蚀产物形貌

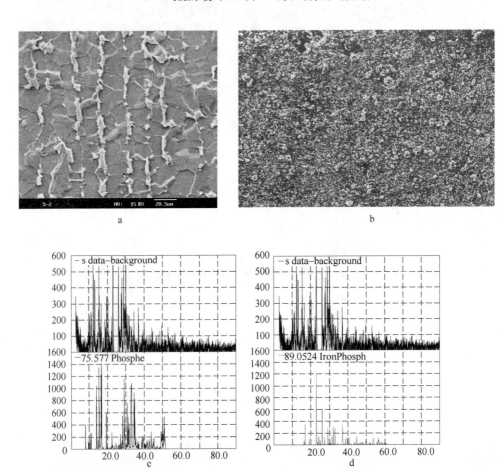

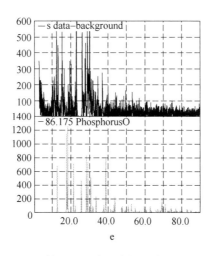

图 4-30 S 的基体组织、腐蚀产物形貌及 XRD 分析结果

a—S 的基体组织（500×）；b—表面刮下的腐蚀产物形貌；

c—腐蚀产物 1 XRD；d—腐蚀产物 2 XRD；e—腐蚀产物 3 XRD

B 样件 O、P

O 是基体为奥氏体不锈钢 1Cr18Ni9Ti（图 4-31a）。O 样件表层残留有厚约 20μm 的腐蚀产物（图 4-31b），对其进行能谱分析表明，该区域富含 P、O，Fe 含量较少（表 4-12），可能主要是燃烧产物的附着物，也含有少量的基体腐蚀产物。

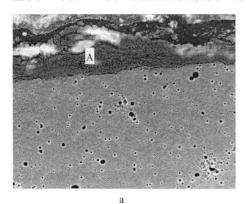
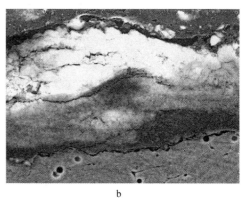

图 4-31 O 样件的微观组织形貌

a—1Cr18Ni9Ti 微观组织形貌；b—1Cr18Ni9TiA 表层微观组织形貌

表 4-12 O 样件表层腐蚀产物的电子探针微区成分分析

元　素	质量分数/%	原子分数/%
C K	6.02	10.97
O K	43.00	58.85

元　素	质量分数/%	原子分数/%
Mg K	1.00	0.90
P K	30.16	21.33
Ca K	0.73	0.40
Cr K	0.75	0.32
Mn K	6.96	2.77
Fe K	11.38	4.46
总量	100.00	

　　P 样件是不锈钢 1Cr18Ni9Ti 棒材，在实际黄磷尾气燃气锅炉焰火中燃烧 360h 后，腐蚀断裂，其组织形貌及其能谱（图 4-32）分析：图 4-32a 腐蚀表面晶

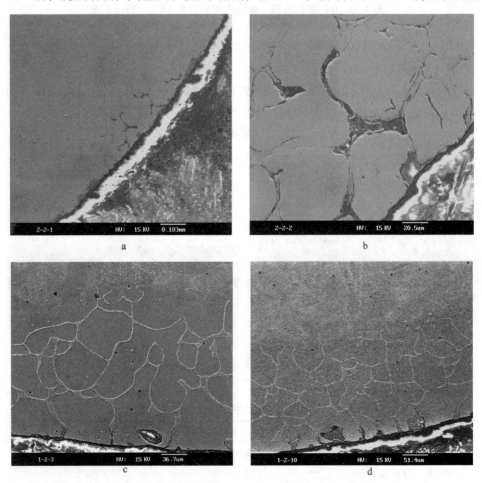

a

b

c

d

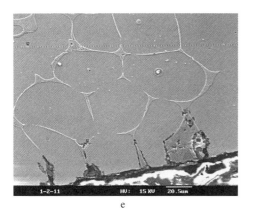
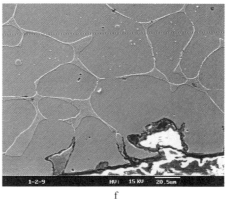

图 4-32 不锈钢 1Cr18Ni9Ti 棒材 P 样件经实际黄磷尾气燃烧 360h 后的组织形貌
a—表面晶界上腐蚀 SEM（10000×）；b—表面晶界上腐蚀 SEM（500×）；
c—脱落边缘腐蚀 SEM（280×）；d—外表面晶间腐蚀 SEM（200×）；
e—边缘外表面腐蚀 SEM（500×）；f—边缘外表面前沿腐蚀 SEM（500×）

界上 10000 倍 SEM；图 4-32b 腐蚀表面晶界上 500 倍 SEM；图 4-32c 在脱落边缘腐蚀全貌 280 倍 SEM；图 4-32d 腐蚀外表面晶间腐蚀处 200 倍 SEM；图 4-32e 腐蚀外表面 500 倍 SEM，腐蚀边缘对比，<1μm 丝条状沿晶线生长；图 4-32f 腐蚀外表面（腐蚀边缘对比，前沿）500 倍 SEM。

C 样件 C4 和 D4

样件灰铸铁 C4 和 D4 是灰铸铁。C4 表层的石墨条在高温下被烧蚀掉，周边珠光体出现层片状剥落（图 4-33c）；表层出现富 Fe、P、O 的腐蚀产物，参考上述结果，应为磷酸铁（图 4-33b），其表层标记处的电子探针微区成分分析见表 4-13。D4 表层组织形貌和表面附着物能谱见图 4-34。

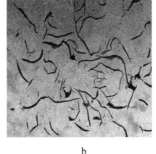
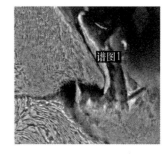

图 4-33 C4 的组织形貌
a—基体组织；b—表层组织；c—b 的放大

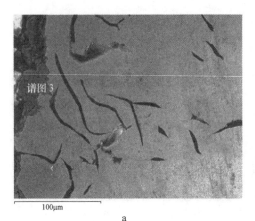 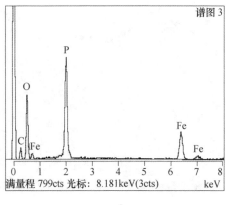

a　　　　　　　　　　　　　　　b

图 4-34　D4 表层组织形貌和表面附着物能谱

a—D4 表层组织形貌；b—表面附着物能谱

表 4-13　C4 表层腐蚀产物的电子探针微区成分分析

元　素	质量分数/%	原子分数/%
C K	17. 24	48. 77
Si K	1. 56	1. 89
Cr K	0. 43	0. 28
Fe K	79. 61	48. 44
Cu K	1. 16	0. 62
总量	100. 00	

D　样件 B4

B4（合金 1）从对其基体组织（图 4-35a）及其成分分析结果看，该材料为铝基材料，基体上分布有尺寸为几十个微米的条状和块状 SiC 颗粒（图 4-35b），晶界分布有含 Cu、Ni 等元素的复杂化合物相。推测该样件基体材料应为一种添加 SiC 颗粒的铝基复合材料。由于颗粒相本身较大且与基体结合不牢固，高温下出现断裂甚至剥落（图 4-35b），导致出现沿着颗粒相与基体之间的晶界腐蚀，并不断深入基体内部（图 4-35c）。这说明添加式颗粒在有限提高基体强硬度的同时，其与基体的界面容易称为诱发腐蚀的通道。图 4-35a 中 A、C 处的能谱分析见表 4-14 和表 4-15。

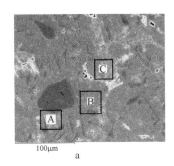  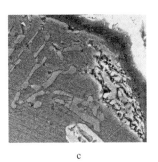

100μm
a   b   c

图 4-35　B4 的基体组织与表层组织

a—基体组织；b—a 中 A 表层组织形貌；c—a 中 B 表层组织形貌

表 4-14　图 4-35a 能谱分析

位置	元素	质量分数 /%	原子分数 /%	位置	元素	质量分数 /%	原子分数 /%
图 4-35a 中 A	C K	26.64	45.92	图 4-35a 中 B	C K	17.51	32.29
	Si K	73.36	54.08		Al K	81.84	67.20
					Si K	0.65	0.51
	总量	100.00			总量	100.00	

表 4-15　图 4-35a 中 C 处的能谱分析

元　素	质量分数/%	原子分数/%
C K	15.37	33.45
O K	1.82	2.97
Al K	50.65	49.07
Si K	0.69	0.65
Mn K	0.47	0.23
Fe K	2.34	1.09
Ni K	22.03	9.81
Cu K	6.63	2.73
总量	100.00	

E　样件 H2

样件 H2 基材是锅炉与压力容器常用的低合金珠光体热强钢 12Cr1MoV，聚集态的珠光体已显著分散，发生了轻度球化（图 4-36a）。表层有厚约 $10\mu m$ 的腐蚀产物层（图 4-36b），能谱分析表明，这种腐蚀产物可能为铁的磷酸盐类。

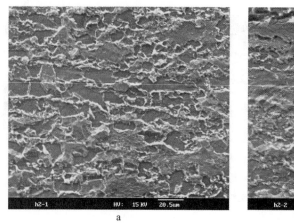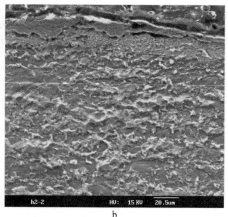

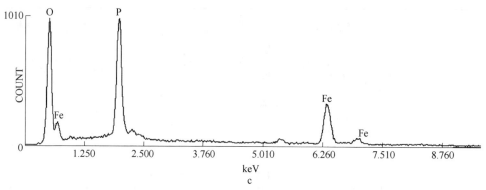

图 4-36　H2 的组织形貌及其能谱分析

a—H2 的基体组织形貌；b—H2 的表层组织形貌；c—能谱分析 EDS

F　样件 L2

L2 基材为低合金贝氏体热强钢 12Cr2MoWVTiB，主要为回火贝氏体，并有弥散分布的碳化物颗粒（图 4-37）。表层有一定厚度的腐蚀产物，最大厚度达 30μm 以上，腐蚀界面大致呈波浪形，部分腐蚀产物已经剥落。

对腐蚀产物的能谱分析（表 4-16 和表 4-17）表明，里面含有 Fe、O、C、Cr、V 和 S 等元素，O 含量较高而 S 含量较少。这表明主要腐蚀产物为铁的氧化物，并有少量的硫化物。微量 Cr 的存在表明，腐蚀层可能会对 Cr 产生损耗，进而破坏致密的 Cr_2O_3 保护膜，降低了基材的抗氧化能力。

G　非晶态超音速喷涂层 N1、N2

观察非晶态超音速喷涂层 N1、N2 材料，经实际黄磷尾气燃气锅炉中燃烧 3672h，其中高温燃烧时间 1582h 后，其表面没有严重腐蚀层，其表面非晶态涂层组织形貌及其能谱分析（图 4-38 和图 4-39）表明，该涂层含有 Fe、Cr、Co、Ni、Mo、Si 和 Cu 等元素。对涂层表面的 XRD 分析表明，40°~50°之间出现明显

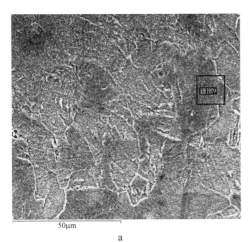 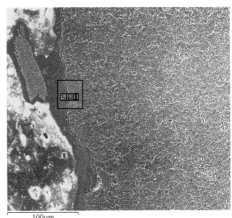

图 4-37 L2 的组织形貌

a—L2 的基体组织形貌；b—表层组织形貌

表 4-16 图 4-37a 的能谱分析

元　素	质量分数/%	原子分数/%
C K	8.07	28.95
Cr K	1.71	1.42
Fe K	90.22	69.63
总量	100.00	

表 4-17 图 4-37b 的能谱分析

元　素	质量分数/%	原子分数/%
C K	4.15	10.01
O K	30.91	55.98
S K	0.64	0.58
V K	0.61	0.35
Cr K	0.72	0.40
Fe K	62.97	32.68
总量	100.00	

的鼓包，说明该涂层具有典型的非晶态合金特征，在王水和盐酸双氧水溶液两种强酸反复浸蚀下涂层未观察到晶粒，也表明该涂层以非晶态合金为主；XRD 衍射分析（图 4-39c）仍有衍射峰的出现，说明非晶态涂层仍存在一定程度的晶化。图中最强峰为 Cr 的（111）面衍射峰。

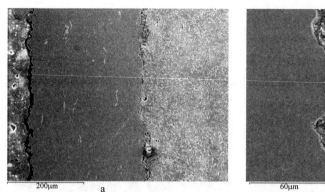

图 4-38　N1 表面非晶态涂层及其与基体的界面组织形貌

a—N1 组织形貌；b—N1 表面涂层与基体的界面组织形貌

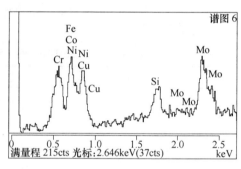

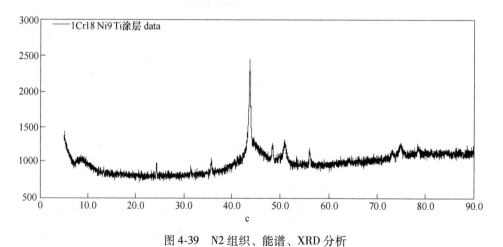

图 4-39　N2 组织、能谱、XRD 分析

a—N2 组织形貌；b—N2 能谱；c—N2 XRD

在 N2 表面非晶态涂层中发现有少量白色条带状夹杂，分析表明为富 W、Cr 的碳化物（图 4-39a）。较高倍电镜下观察发现，涂层与基体之间仍具有典型的热喷涂涂层与基材之间呈机械结合为主的特征。非晶态粉末喷涂层呈现非晶特征，即使使用王水腐蚀液也没有腐蚀出晶界；在高温腐蚀的情况下，也没有发现涂层被腐蚀的产物；涂层和基体之间的界面非冶金结合，在敲击时易断裂（图 4-39b）。

4.5 实际黄磷尾气燃气烧蚀构件腐蚀机理分析

用 S-450 扫描电子显微镜及附带的能谱仪分别测试被腐蚀的铁屑，得到图谱和成分定量分析结果：平均含铁质量分数大于 56.76%，其他测定的元素有 C、O、F、P、Cr、Mn、Fe。

用高分辨衍射仪（D8-Discovre 型）分析该腐蚀样品，主要含 Fe_3PO_7、$Fe_2P_4O_{12}$ 和 $C_{18}H_{18}O_2$。

电炉法生产黄磷是高温下的还原反应，尾气中的杂质磷和硫主要以还原态存在，进炉混合料中还原剂为焦炭。黄磷尾气主要成分 CO 占据 80%～92%，磷主要是 P_4 和 PH_3，硫主要是 H_2S 等。这些杂质的存在，导致以下反应发生。

4.5.1 CO 还原性气氛的影响

CO 对高温腐蚀的作用主要表现在对材料表面保护膜的还原破坏，还原性气体 CO 使得保护性的 Fe_2O_3 和 Fe_3O_4 氧化膜转化为不具有保护性的魏氏体 FeO，反应式如下：

$$Fe_2O_3 + CO \longrightarrow 2FeO + CO_2 \tag{4-1}$$

$$Fe_3O_4 + CO \longrightarrow 3FeO + CO_2 \tag{4-2}$$

4.5.2 硫化物氧化

黄磷尾气中的硫化物主要是 H_2S，尚有少量的 COS，在空气中燃烧都生成 SO_2，反应式如下：

$$2H_2S + 3O_2 =\!=\!= 2SO_2 + 2H_2O \tag{4-3}$$

$$2COS + O_2 =\!=\!= 2CO_2 + 2S \tag{4-4}$$

二氧化硫在干燥的空气中无腐蚀性，在潮湿的空气中生成亚硫酸和硫酸则具有腐蚀性，反应式如下：

$$SO_2 + H_2O =\!=\!= H_2SO_3 \tag{4-5}$$

$$2SO_2 + O_2 + 2H_2O =\!=\!= 2H_2SO_4 \tag{4-6}$$

SO_2 在锅炉装置中只有在温度比较低的部位，如省煤器，有水蒸气凝结的部位发生表面腐蚀。

4.5.3　硫的高温腐蚀

硫化氢不仅可以和受热面的金属发生作用，也可以和原有管壁上的一层氧化膜发生作用，与金属作用形成硫化铁，硫化铁进一步形成氧化铁，管壁高温腐蚀产物中有硫化亚铁，也有氧化亚铁，它们是多孔的，不起保护作用使腐蚀进行下去，反应式如下：

$$Fe_2O_3+2H_2S+C \Longrightarrow 2FeS+2H_2O+CO \tag{4-7}$$

$$Fe_2O_3+2H_2S+CO \Longrightarrow 2FeS+2H_2O+CO_2 \tag{4-8}$$

$$FeO+H_2S \Longrightarrow FeS+H_2O \tag{4-9}$$

$$Fe+H_2S \Longrightarrow FeS+H_2 \tag{4-10}$$

连多硫酸晶间腐蚀，接着引起连多硫酸应力腐蚀开裂，从外貌上开裂往往是晶间型的，其反应为：

$$4FeS+7O_2 \Longrightarrow 2Fe_2O_3+4SO_2 \tag{4-11}$$

$$SO_2+H_2O \Longrightarrow H_2SO_3 \tag{4-12}$$

$$2H_2SO_3+O_2 \Longrightarrow 2H_2SO_4 \tag{4-13}$$

$$H_2SO_4+FeS \Longrightarrow FeSO_4+H_2S \tag{4-14}$$

$$H_2SO_3+H_2S \longrightarrow mH_2S_xO_6+ns \quad (x \text{ 为 } 3,4,5) \tag{4-15}$$

在还原性气氛中，自由原子硫可单独存在，在管壁温度达到 623 K 时，发生硫化反应，反应式如下：

$$Fe+[S] \longrightarrow FeS \tag{4-16}$$

4.5.4　磷酸盐和焦磷酸盐的生成

从 XPS 分析可知，黄磷尾气燃气锅炉烧蚀换热器及输气管的腐蚀产物中都含有磷酸盐或者焦磷酸盐。黄磷尾气中含有大量的单质磷，磷元素燃烧后容易形成生成五氧化二磷，五氧化二磷与空气中的水分形成磷酸或焦磷酸，磷酸或焦磷酸与金属反应生成磷酸盐或焦磷酸盐。其反应方程式如下：

$$P_4+5O_2 \Longrightarrow 2P_2O_5 \tag{4-17}$$

$$P_2O_5+3H_2O \Longrightarrow 2H_3PO_4 \tag{4-18}$$

$$P_2O_5+2H_2O \Longrightarrow H_4P_2O_7 \tag{4-19}$$

$$6M+2nH_3PO_4 \longrightarrow 2M_3(PO_4)_n+3nH_2 \tag{4-20}$$

$$6M+nH_4P_2O_7 \longrightarrow M_4(P_2O_7)_n+2nH_2 \tag{4-21}$$

4.5.5　氧化砷及砷酸盐的生成

腐蚀产物中含有大量的 As_2O_3，且炉膛外腐蚀剥落物中含有砷酸盐或亚砷酸盐。由于黄磷生产过程中，电解的磷矿石中含有一定量的砷，故黄磷尾气中存在砷以及其化合物。黄磷尾气燃烧时砷被氧化形成 As_2O_3、As_2O_5，这些化合物与空气中的水分反应形成砷酸或者亚砷酸，砷酸或者亚砷酸与金属反应生成砷酸盐或者盐亚砷酸。其反应方程式如下：

$$4As+3O_2 === 2As_2O_3 \tag{4-22}$$

$$As_2O_3+O_2 === As_2O_5 \tag{4-23}$$

$$As_2O_3+3H_2O === 2H_3AsO_3 \tag{4-24}$$

$$As_2O_5+3H_2O === 2H_3AsO_4 \tag{4-25}$$

$$2As_2O_3+6H_2+3O_2 \longrightarrow 4H_3AsO_3 \tag{4-26}$$

$$As_2O_5+8H_2 \longrightarrow 5H_2O+2AsH_3 \tag{4-27}$$

$$6M+2nH_3AsO_3 \longrightarrow 2M_3(AsO_3)_n+3nH_2 \tag{4-28}$$

$$4M+2nH_3AsO_4 \longrightarrow M_4(AsO_4)_n+3nH_2 \tag{4-29}$$

4.5.6　硫化亚铁的生成

燃气输气管的 XPS 分析发现，腐蚀产物中含有大量的 Fe_3O_4 以及 FeS。黄磷尾气通入开放型的燃烧室，必然混有大量的环境空气，Fe 不仅可以与空气中的氧元素直接化合，还可能与水汽化合形成 Fe_3O_4 和 Fe_2O_3，黄磷尾气中又含有大量的还原性气体一氧化碳，则 Fe_3O_4 和 Fe_2O_3 进一步与 CO 反应生成 FeO，除此之外 Fe、Fe_2O_3 与 FeO 也都能够与黄磷尾气中的 H_2S 化合形成 FeS，其反应方程式如下：

$$3Fe+4H_2O === Fe_3O_4+4H_2 \tag{4-30}$$

$$2Fe+3H_2O === Fe_2O_3+3H_2 \tag{4-31}$$

$$Fe_2O_3+2H_2S+CO === 2FeS+2H_2O+CO_2 \tag{4-32}$$

$$FeO+H_2S === FeS+H_2O \tag{4-33}$$

$$Fe+H_2S === FeS+H_2 \tag{4-34}$$

$$Fe+[S] \longrightarrow FeS \tag{4-35}$$

4.5.7　磷及磷化合物

黄磷尾气中的磷合化物包括 P_4 和 PH_3。磷的化学反应性很强，在空气中很易氧化，自燃点为 35~45℃。磷暴露于空气中易自燃并生成 P_2O_5 和磷的低级氧化物，在具有大量空气并具有高温的锅炉炉膛中燃烧会生成 P_2O_5；P_2O_5 为白色粉末，不具有腐蚀性，若烟气中有水分，则会吸收水分生成磷酸对腐蚀燃气设备。气态的 PH_3 称膦，属易燃气体，在空气中的着火点为 150℃，膦在具有大量空气并具有高温的锅炉炉膛中燃烧生成 P_2O_5 和水；P_2O_5 受热或遇水分解放热，放出有毒、强腐蚀性的腐蚀性烟气 PH_3。

$$P_4+5O_2 \longrightarrow P_4O_{10}+Q \tag{4-36}$$

$$P_4 + 3O_2 \longrightarrow 2P_2O_3 \tag{4-37}$$

$$P_2O_3 + O_2 \longrightarrow P_2O_5 \tag{4-38}$$

$$P_2O_3 + 2H_2O \longrightarrow 2H_3PO_3 \tag{4-39}$$

$$2P_2O_3 + 6H_2O \longrightarrow PH_3 + 3H_3PO_4 \tag{4-40}$$

$$P_4O_{10} + 2H_2O \longrightarrow 4HPO_3 \tag{4-41}$$

$$HPO_3 + H_2O \longrightarrow H_3PO_4 \tag{4-42}$$

$$P_4O_{10} + 6H_2O \longrightarrow 4H_3PO_4 \tag{4-43}$$

$$P_4 + 3O_2 + 6H_2O =\!=\!= 4HPO_3 \tag{4-44}$$

$$2PH_3 + 2O_2 =\!=\!= 2H_3PO_4 \tag{4-45}$$

生成的五氧化二磷也不具有腐蚀性。黄磷尾气烧锅炉失败原因为锅炉产生裂纹，膦的分子结构与氨相同，其性质较相似，见图 4-40 和图 4-41。

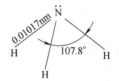

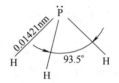

图 4-40　NH_3 分子结构　　　　　　　　　图 4-41　PH_3 分子结构

氨在高温下能分解为活性氮渗入到钢材料工件内部，产生渗氮而改变钢工件的性质。氨在温度 480~560℃下分解活性氮与氢，反应如下：

$$2NH_3 \xrightarrow{480\sim560℃} 2[N] + 3H_2 \tag{4-46}$$

NH_3 的化学键断裂能：

$$NH_3 \longrightarrow NH_2 + H \qquad \Delta H^{\ominus}_{298} = 438.1kJ/mol \tag{4-47}$$

$$NH_2 \longrightarrow NH + H \qquad \Delta H^{\ominus}_{298} = 421kJ/mol \tag{4-48}$$

$$NH \longrightarrow N + H \qquad \Delta H^{\ominus}_{298} = 313.4kJ/mol \tag{4-49}$$

NH_3 分子断裂为 N 和 H 总断裂能为：$\Delta H^{\ominus}_{298} = 1172.4kJ/mol$。

黄磷尾气在烧锅炉的过程中，大部分膦被烧掉，一部分膦在高温下分解生成活性磷，反应如下：

$$2PH_3 \xrightarrow{高温} 2[P] + 3H_2 \tag{4-50}$$

PH_3 的化学键断裂能：

$$PH_3 \longrightarrow PH_2 + H \qquad \Delta H^{\ominus}_{298} = 305kJ/mol \tag{4-51}$$

$$PH_2 \longrightarrow PH + H \qquad \Delta H^{\ominus}_{298} = 339kJ/mol \tag{4-52}$$

$$PH \longrightarrow P + H \qquad \Delta H^{\ominus}_{298} = 342.7kJ/mol \tag{4-53}$$

PH_3 分子断裂为 P 和 H 总断裂能为 $\Delta H^{\ominus}_{298} = 986.7kJ/mol$。

PH_3 的断裂能比 NH_3 小，说明 PH_3 比 NH_3 更容易断裂为 P 原子。

活性磷比活性氮活性更活泼，更易发生渗磷作用，活性磷还可能与铁起反应，生成脆性物质磷化铁：

$$2[P] + 3Fe \ —— \ Fe_3P_2 \qquad\qquad (4-54)$$

活性磷与锅炉钢板接触被钢板表面吸附，逐渐进入到 Fe 原子的晶格中，随着钢板表面磷的吸附量增加，由于浓度差的推动，磷逐渐渗入到钢板的内部发生渗磷作用，活性磷浓度越高，渗透深度越深，直至穿透为止，导致设备材料受损严重的主要原因是磷炉尾气含有膦 PH_3。

综上所述，对实际黄磷尾气燃气腐蚀构件的 XRD、XPS、SEM 测定和分析，黄磷尾气燃气利用，产生的腐蚀类型是电化学腐蚀、晶界腐蚀、高温腐蚀、露点腐蚀、硫化物应力开裂（SSC）、连多硫酸晶间腐蚀等共存。

4.6　结论

对不同地区的黄磷生产企业，进行了大量的黄磷生产原料的测定，测定分析了不同位置的黄磷尾气成分，对实际黄磷尾气烧蚀构件取样并进行了系统的腐蚀机理研究。

（1）通过黄磷生产工艺、物料平衡计算，测定和分析了实际黄磷尾气成分，黄磷尾气 CO 含量（标态）为 85%~95%，含有害杂质：磷（PH_3 500~4000mg/m³，P_4 400~4000mg/m³）、硫（H_2S 800~22570mg/m³、COS 97~4610mg/m³、CS_2 5~180mg/m³）、As（CH_4SH 1~2mg/m³、AsH_3 1~211.6mg/m³）、F（HF 17~600mg/m³）、HCN（100~450mg/m³）等。

（2）对实际黄磷尾气燃气烧蚀构件——黄磷尾气燃气热水锅炉烧蚀构件、炉壁内、外侧与尾气输气管内壁的剥落物中腐蚀产物、腐蚀挂件，进行了 XRD、EDS、XPS、SEM 测定和分析，腐蚀产物主要有：磷酸盐、焦磷酸盐、砷酸盐、亚砷酸盐、硅酸盐、亚硅酸盐、亚硫酸酐、硫酸酐、磷酸酐、偏磷酸酐、磷铁、磷化合物、氧化化合物 Fe_3PO_7、$Fe_2P_4O_{12}$、$C_{18}H_{18}O_2$、$FeCO_3$、CS_2、As_2O_3、As_2O_5、As_2S_5、FeF_3、FeS、SiO_2、P_4O_{10}、FeS、FeP_2、FeP、Fe_2P、Fe_3P、$Fe(PO_3)_3$、P_4O_9、Fe_3O_4、Fe_2O_3 等物质。

（3）根据测试结果推测了发生腐蚀的反应式，进行了腐蚀机理理论分析，受检的各种材料表面均可观察到程度不同但都相当严重的高温腐蚀现象，但原因各异。

1）黄磷尾气燃烧过程中，硫和磷燃烧后生成亚硫酸酐、硫酸酐和磷酸酐，磷直接与铁反应生成磷铁。同时与氧结合产生磷酸酐和偏磷酸酐水分结合附着在喷管和锅炉换热管受热面的产生腐蚀。并且在还原性气氛中（CO 含量≥85%），加速了对材料的腐蚀。

2）Q245R（20g）表面主要是磷与铁发生化学反应产生多种铁的磷酸盐类；

1Cr18Ni9Ti 表面腐蚀较轻，但附着有较多的燃烧产物；珠光体基体的片状石墨铸铁表面因石墨片被烧蚀掉导致珠光体片脱落，此外，仍有铁的磷酸盐类发现，即燃烧与腐蚀同时发生；12Cr2MoWVTiB 钢表面腐蚀产物主要是铁的氧化物，另外还存在少量硫化物；颗粒增强铝基复合材料因颗粒剥落导致晶界腐蚀不断深入基体内部。

3）材料 Q245R（20g）与材料不锈钢 1Cr18Ni9Ti，经过 360h 的高温腐蚀挂片验后经金相与电镜观测，可知在试验材料基体表面形成二元磷共晶与三元磷共晶，其腐蚀都是沿着晶界腐蚀，腐蚀速率急剧加快。

4）在两种不同钢表面超音速喷涂 EPK 公司的 Armacor C+ Powder 非晶态粉末后得到的涂层基本为非晶态，晶化程度很小。该涂层在黄磷尾气燃烧气氛中没发生任何腐蚀，从而对锅炉钢 Q245R（20G、20g）及不锈钢 1Cr18Ni9Ti 钢的基材均产生了非常显著的保护作用。由于热喷涂本身的技术特点决定了该涂层与基体之间不是冶金结合，因此在使用中要注意避免涂层受到外力冲击。

综上所述，膦 PH_3 是导致设备材料受损严重的主要原因。黄磷尾气燃气腐蚀是磷、硫腐蚀共存：电化学腐蚀、晶界腐蚀、高温腐蚀、露点腐蚀、硫化物应力开裂（SSC）、连多硫酸晶间腐蚀等。

5 黄磷尾气腐蚀动力学

<<<<<<<<<<<<<<<<<<<<<<<<<<<<<<<<<<<<<<<<<<<<<<<<<<<<<<<<<<<<<

由于高浓度 CO 工业尾气成分变化复杂，不同成分气体间可能存在加速腐蚀的催化和协同作用。在含磷环境、磷-硫环境下，不同磷酸浓度、不同磷酸-硫酸浓度在不同温度的腐蚀，即模拟 PO_x-SO_x-NO_x-CO_x-H_2O 组成的混合尾气环境下，研究 H_3PO_4、H_2SO_4 共存不同温度、不同浓度对燃气设备材料的腐蚀行为，研究不同环境条件下，所选常用燃气设备材料的腐蚀程度，进行腐蚀速率预测，建立腐蚀判据。

腐蚀动力学主要考察金属腐蚀速率。测定金属腐蚀速率方法有：重量法、极化法、容量法、Tafel 外推法等。本研究采用最可靠的经典重量法。即：试件单位时间内，暴露在腐蚀环境中表面积上被腐蚀的金属质量：

$$K = \frac{W}{St} \tag{5-1}$$

式中　K——试件腐蚀速度，$g/(m^2 \cdot h)$；

　　　W——试件的质量变量，g；

　　　S——试件暴露在腐蚀环境中的表面积，m^2；

　　　t——试件腐蚀的时间，h。

在一年时间内金属材料的腐蚀深度记为"mm/a"。即：

$$K' = K \times \frac{24 \times 365}{10^4 \rho} \times 10 = \frac{8.76}{\rho} \times K \tag{5-2}$$

式中　K'——用深度（厚度）表示的金属腐蚀速度，mm/a；

　　　ρ——金属的密度，g/cm^3。

5.1 研究材料及其装置

腐蚀动力学研究采用材料为：锅炉钢 Q245R（原 20g、20G）、不锈钢 AISI 304（原 0Cr18Ni9，新 06Cr19Ni10）、不锈钢 AISI 316L（原 00Cr17Ni14Mo2，新 022Cr17Ni12Mo2）、16MnR、合金，其化学成分见表 3-2，制成样品尺寸见图 3-1，材料密度见表 5-1。

研究在对黄磷尾气磷硫多组分高温腐蚀试验装置和黄磷尾气高温腐蚀模拟试验装置（图 3-2、图 3-3）中进行，设置实验参数：初始电平设为低于开路电位

0.2V，高频为 100kHz，低频为 1Hz，振幅为 0.01V，选择自动灵敏度，具体实验技术参数见表 5-2，其技术指标测定结果见表 5-3。

表 5-1　试件的密度

材　　料	密度 $\rho/\times10^6 \text{g} \cdot \text{m}^{-3}$
304	7.93
316L	7.98
Q245R	7.85
16MnR	7.90
合金	7.85

表 5-2　黄磷尾气高温腐蚀模拟试验装置技术参数

炉膛容积/L	炉膛尺寸 /mm×mm×mm	外壳尺寸 /mm×mm×mm	最高设计温度 /℃	功率/kW	加热元件	电路
46	550×350×240	956×736×583	1000	6	硅碳棒	200V 串联

表 5-3　黄磷尾气腐蚀试验装置技术指标测定结果

技术指标	标　准	实测磷单组分试验	磷-硫多组分试验
环境温度/℃	15~35	20~27	22~28
相对湿度/%	不大于 85	74.5	71.5
大气压/kPa	86~106	81.2	86.8
电压/V	220±22	224	220
频率/Hz	50±0.5	50	50
负载体积/工作容积	不大于 1/5	1/12	1/11
升温速率/℃·min^{-1}	不大于 1	0.91	0.86
降温速率/℃·min^{-1}	不大于 1	0.30	0.41
箱外壁温度/℃	不大于 50	42.4	41.2
温度均匀度/℃	不大于 2.0	2.0	1.8
温度波动度/℃	不大于±5.0	3.6	4.1

研究材料 Q245R、16MnR、304 不锈钢、316L 不锈钢、合金，在不同温度、不同磷酸浓度、不同磷酸-硫酸共存环境下，在研究装置（1）磷酸低温露点腐蚀试验装置；（2）黄磷尾气高温腐蚀模拟试验装置（图 3-2）；（3）黄磷尾气磷硫多组分高温腐蚀试验装置（图 3-3）进行，研究条件见表 5-4。

表5-4 黄磷尾气腐蚀动力学研究条件及其研究装置

磷酸 H_3PO_4 浓度 /mol·(L·min)$^{-1}$	硫酸 H_2SO_4 浓度 /mol·(L·min)$^{-1}$	温度/℃	备 注
0	0	150、200、250、300、350、400、500、600	研究装置（图3-2）
$1.215×10^{-3}$	0		
$3.645×10^{-3}$	0		
30%	0	40、80、100	研究装置
60%	0	120、140、150	
85%	0	100、120、140、150、200	研究装置（图3-2）
$2.25×10^{-4}$	0	300、400、500、600、700	研究装置（图3-3）
$4.5×10^{-4}$	0		
$6.75×10^{-4}$	0		
$9×10^{-4}$	0		
$1.35×10^{-3}$	0		
$1.8×10^{-3}$	0		
$4.5×10^{-4}$	$9×10^{-4}$	300、350、400、450	研究装置（图3-3）
$1.35×10^{-3}$	$2.7×10^{-3}$		
$2.25×10^{-3}$	$2.25×10^{-3}$		

5.1.1 单组分磷酸腐蚀

仅在有磷酸腐蚀气氛中，进行所选燃气设备材料的燃烧腐蚀研究，燃烧前后表层形貌见图5-1和图5-2。

a   b

图5-1 Q245R 磷酸 0mol/(L·min)，100℃燃烧

a—燃烧前；b—燃烧600h后

图 5-2　16MnR 磷酸 0mol/（L·min），100℃燃烧

a—燃烧前；b—燃烧 600h 后

5.1.2　磷酸-硫酸共存环境下腐蚀

选取 Q245R、304、316L、合金等材料，在磷酸-硫酸共存环境中，进行不同温度下不同磷酸、硫酸浓度的腐蚀研究，其研究材料及其编号见表 5-5。材料燃烧后表层形貌见图 5-3，图 5-4 和表 5-5。

图 5-3　不同材料在不同磷酸-硫酸、不同温度下的腐蚀试样（1）

图 5-4 不同材料在不同磷酸-硫酸、不同温度下的腐蚀试样（2）

表 5-5 磷-硫共存环境下研究材料及其编号

编号	材料	燃烧时间 /h	试样 形状	燃烧温度 /℃	研究条件	
					H_3PO_4 /mol·(L·min)$^{-1}$	H_2SO_4 /mol·(L·min)$^{-1}$
1-1	316L		圆形			
1-2	Q245R	12	圆形	400	$1.35×10^{-3}$	$2.7×10^{-3}$
1-3	304		方形			

编号	材料	燃烧时间 /h	试样 形状	燃烧温度 /℃	研究条件	
					H_3PO_4 /mol·(L·min)$^{-1}$	H_2SO_4 /mol·(L·min)$^{-1}$
2-1	Q245R	96	圆形	400	1.35×10^{-3}	2.7×10^{-4}
2-2	316L		圆形			
2-3	304		方形			
3-1	合金	48	圆形	400	4.5×10^{-4}	9×10^{-4}
3-2	316L		圆形			
3-3	Q245R		圆形			
3-4	304		方形			
4-1	合金	102	圆形	400	4.5×10^{-4}	9×10^{-4}
4-2	Q245R		圆形			
4-3	316L		圆形			
4-4	304		方形			
5-1	合金	102	圆形	350	2.25×10^{-3}	2.25×10^{-3}
5-2	Q245R		圆形			
5-3	316L		圆形			
5-4	304		方形			
6-1	合金	72	圆形	350	1.35×10^{-3}	2.7×10^{-3}
6-2	316L		圆形			
6-3	Q245R		圆形			
6-4	304		方形			
7-1	Q245R	12	圆形	400	1.35×10^{-3}	2.7×10^{-3}
7-2	316L		圆形			
8-1	Q245R	96	圆形	450	1.35×10^{-3}	2.7×10^{-3}
8-2	316L		圆形			
8-3	304		方形			

5.2　单组分磷酸环境下腐蚀动力学

5.2.1　研究条件

在仅有磷酸单组分环境下，研究材料 Q245R、304 不锈钢、316L 不锈钢、16MnR，在不同磷酸浓度、不同温度、不同时间下的质量改变形成的腐蚀动力学曲线、腐蚀速率，其研究条件见表 5-6~表 5-9，其对应的腐蚀动力学曲线图见图 5-5~图 5-8，腐蚀速率图见图 5-9~图 5-12。

表 5-6 Q245R 腐蚀动力学研究条件

腐蚀动力学图	腐蚀速率图	磷酸浓度 /mol·(L·min)$^{-1}$	溶液温度 /℃	研究装置	历时 /h
图 5-5a	图 5-6a	30%、85%	40、80		4
图 5-5b	图 5-6b	0	150、200、250、300、350、400、500、600	图 3-2	48
图 5-5c	图 5-6c	1.215×10^{-3}			
图 5-5d	图 5-6d	3.645×10^{-3}			
图 5-5e	图 5-6e		150		
图 5-5f	图 5-6f		200		
图 5-5g	图 5-6g	0 1.215×10^{-3} 3.645×10^{-3}	250	图 3-2	48
图 5-5h	图 5-6h		300		
图 5-5i	图 5-6i		350		
图 5-5j	图 5-6j		400		
图 5-5k	图 5-6k	2.25×10^{-4}			
图 5-5l	图 5-6l	4.5×10^{-4}			
图 5-5m	图 5-6m	6.74×10^{-4}	300、400、500、600、700	图 3-2	48
图 5-5n	图 5-6n	9×10^{-4}			
图 5-5o	图 5-6o	1.35×10^{-3}			
图 5-5p	图 5-6p	1.8×10^{-3}			
图 5-5q	图 5-6q		300		
图 5-5r	图 5-6r	2.25×10^{-4} 5.5×10^{-4} 6.75×10^{-4}	400		
图 5-5s	图 5-6s		500	图 3-2	48
图 5-5t	图 5-6t		600		
图 5-5u	图 5-6u		700		

表 5-7 304 腐蚀动力学研究条件

腐蚀动力学图	腐蚀速率图	磷酸浓度 /mol·(L·min)$^{-1}$	溶液温度 /℃	研究装置	历时 /h
图 5-7a	图 5-8a	30%、60%、85%	100		98
图 5-7b	图 5-8b	60%、85%	120、140、150、200		98

续表 5-7

腐蚀动力学图	腐蚀速率图	磷酸浓度 /mol·(L·min)$^{-1}$	溶液温度 /℃	研究装置	历时 /h
图 5-7c	图 5-8c		150		
图 5-7d	图 5-8d		200		
图 5-7e	图 5-8e		250		
图 5-7f	图 5-8f	0	300	图 3-2	48
图 5-7g	图 5-8g	1.215×10^{-3}	350		
图 5-7h	图 5-8h	3.645×10^{-3}	400		
图 5-7i	图 5-8i		500		
图 5-7j	图 5-8j		600		
图 5-7k	图 5-8k	0	150、200、250、300、350、400、500、600	图 3-2	48
图 5-7l	图 5-8l	1.215×10^{-3}			
图 5-7m	图 5-8m	3.645×10^{-3}			

表 5-8　16MnR 腐蚀动力学研究条件

腐蚀动力学图	腐蚀速率图	磷酸浓度 /mol·(L·min)$^{-1}$	溶液温度 /℃	研究装置	历时 /h
图 5-11a	图 5-12a	2.25×10^{-4}			
图 5-11b	图 5-12b	4.5×10^{-4}	500、600、700	图 3-2	48
图 5-11c	图 5-12c	6.75×10^{-4}			
图 5-11d	图 5-12d	9×10^{-4}			
图 5-11e	图 5-12e	1.35×10^{-3}	500、600、700	图 3-2	48
图 5-11f	图 5-12f	1.8×10^{-3}			
图 5-11g	图 5-12g	2.25×10^{-4} 4.5×10^{-4}	500		
图 5-11h	图 5-12h	6.75×10^{-4} 9×10^{-4}	600	图 3-2	48
图 5-11i	图 5-12i	1.35×10^{-3} 1.8×10^{-3}	700		

表 5-9　316L 腐蚀动力学研究条件

腐蚀动力学图	腐蚀速率图	磷酸浓度 /mol·(L·min)$^{-1}$	溶液温度 /℃	研究装置	历时 /h
图 5-9a	图 5-10a	1.215×10^{-3}	200、250、300		48
图 5-9b	图 5-10b	3.64×10^{-3}	200、250、300、350		48

5.2.2 Q245R

5.2.2.1 Q245R 腐蚀动力学曲线

Q245R 腐蚀动力学曲线，见图 5-5。

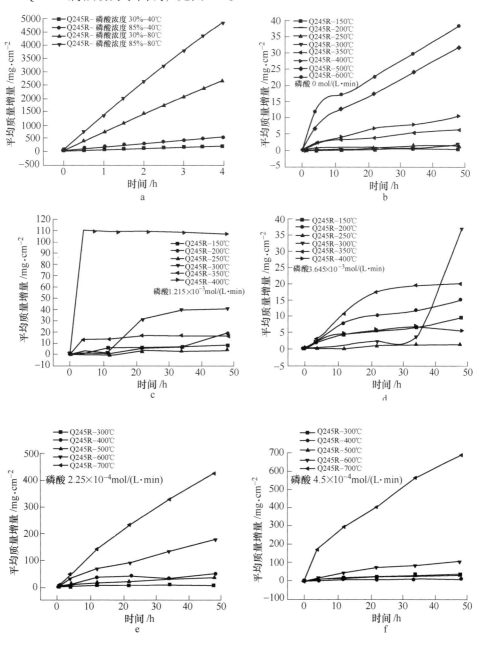

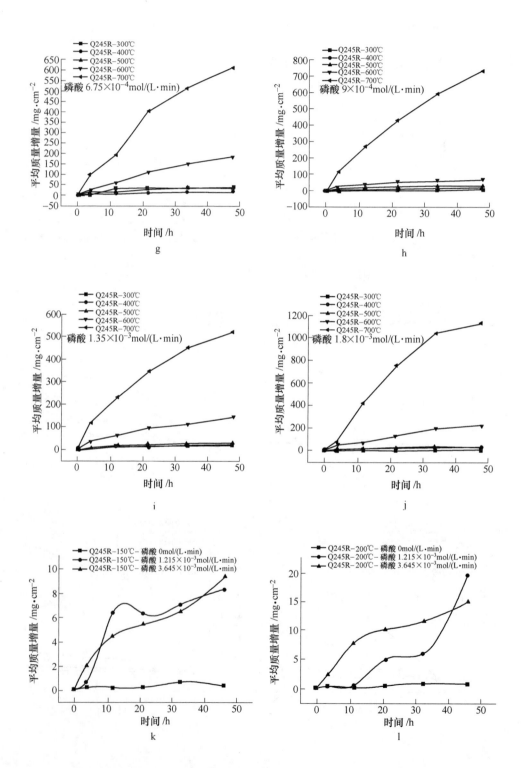

g

h

i

j

k

l

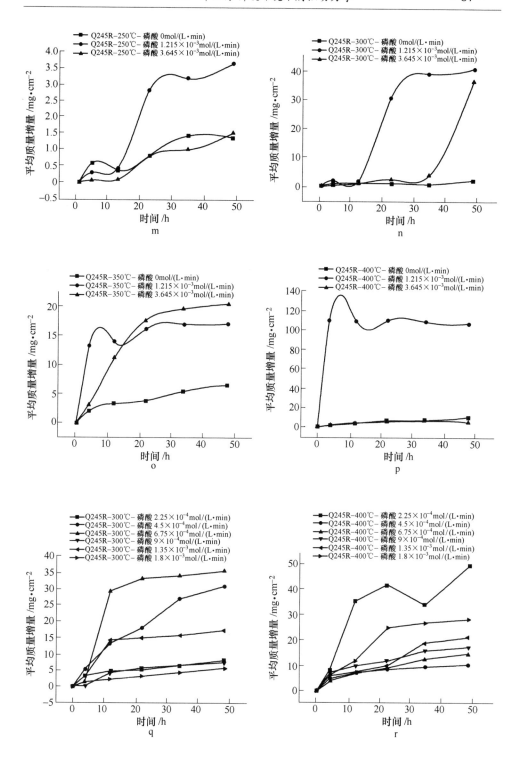

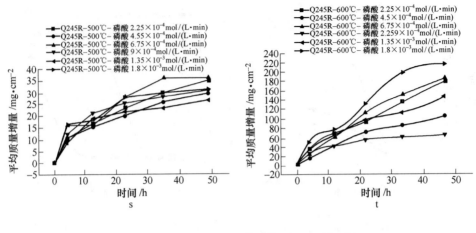

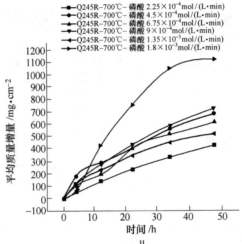

图 5-5　Q245R 不同磷酸浓度、不同高温下的腐蚀动力学曲线

a—40~80℃，磷酸 30%~85%；b—100~700℃，磷酸 0mol/（L·min）；

c—150~400℃，磷酸 1.215×10^{-3}mol/（L·min）；d—150~400℃，磷酸 3.645×10^{-3}mol/（L·min）；

e—300~700℃，磷酸 2.25×10^{-4}mol/（L·min）；f—300~700℃，磷酸 4.5×10^{-4}mol/（L·min）；

g—300~700℃，磷酸 6.75×10^{-4}mol/（L·min）；h—300~700℃，磷酸 9×10^{-4}mol/（L·min）；

i—300~700℃，磷酸 1.35×10^{-3}mol/（L·min）；j—300~700℃，磷酸 1.8×10^{-3}mol/（L·min）；

k—150℃，不同磷酸浓度；l—200℃，不同磷酸浓度；m—250℃，不同磷酸浓度；

n—300℃，不同磷酸浓度；o—350℃，不同磷酸浓度；p—400℃，不同磷酸浓度；

q—300℃，不同磷酸浓度；r—400℃，不同磷酸浓度；s—500℃，不同磷酸浓度；

t—600℃，不同磷酸浓度；u—700℃，不同磷酸浓度

5.2.2.2　Q245R 腐蚀速率

Q245R 腐蚀速率，见图 5-6。

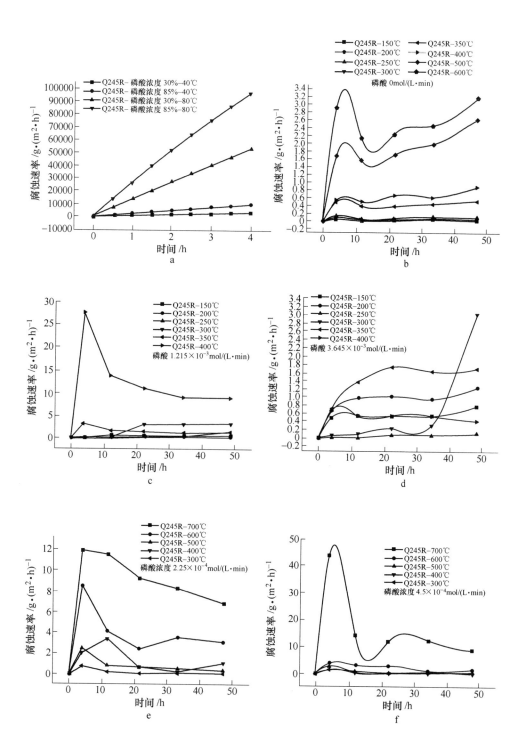

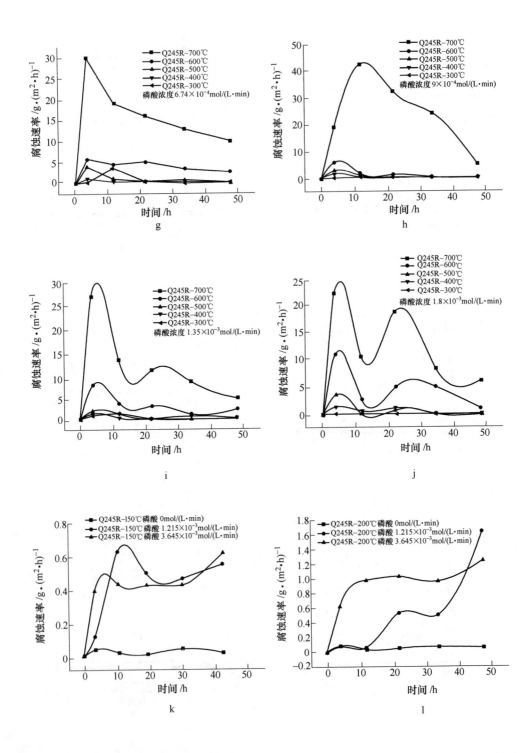

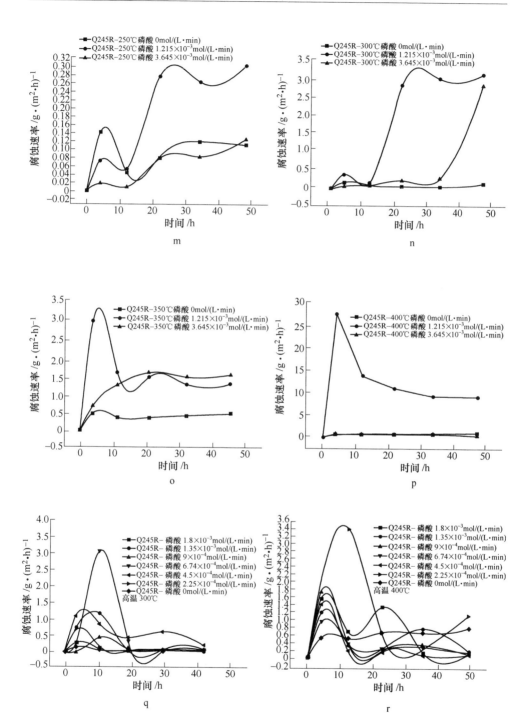

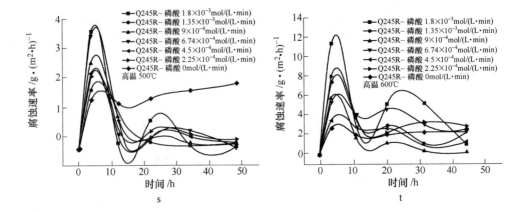

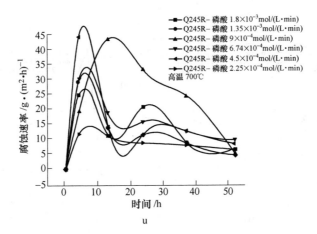

图 5-6　Q245R 不同磷酸浓度、不同高温下的腐蚀动力学曲线

a—40~80℃，磷酸 30%~85%；b—100~700℃，磷酸 0mol/(L·min)；

c—150~400℃，磷酸 1.215×10⁻³mol/(L·min)；d—150~400℃，磷酸 3.645×10⁻³mol/(L·min)；

e—300~700℃，磷酸 2.25×10⁻⁴mol/(L·min)；f—300~700℃，磷酸 4.5×10⁻⁴mol/(L·min)；

g—300~700℃，磷酸 6.75×10⁻⁴mol/(L·min)；h—300~700℃，磷酸 9×10⁻⁴mol/(L·min)；

i—300~700℃，磷酸 1.35×10⁻³mol/(L·min)；j—300~700℃，磷酸 1.8×10⁻³mol/(L·min)；

k—150℃，不同磷酸浓度；l—200℃，不同磷酸浓度；m—250℃，不同磷酸浓度；

n—300℃，不同磷酸浓度；o—350℃，不同磷酸浓度；p—400℃，不同磷酸浓度；

q—300℃，不同磷酸浓度；r—400℃，不同磷酸浓度；s—500℃，不同磷酸浓度；

t—600℃，不同磷酸浓度；u—700℃，不同磷酸浓度

5.2.2.3　Q245R 年腐蚀速率

参照图 5-5 和图 5-6，计算 Q245R 年腐蚀速率，见表 5-10 和表 5-11。

表 5-10 Q245R 在不同磷酸浓度、不同温度下的年腐蚀速率 K'

磷酸 /mol · (L · min)$^{-1}$	年腐蚀速率 K'/mm · a^{-1}					
	150℃	200℃	250℃	300℃	350℃	400℃
0	0.04	0.0692	0.1119	0.1236	0.5003	0.7231
$1.215×10^{-3}$	0.6371	0.6277	0.2172	2.3090	2.1080	15.6926
$3.645×10^{-3}$	0.6492	1.0813	0.0704	0.8382	1.5934	0.6220

表 5-11 Q245R 在不同磷酸浓度、不同温度下的年腐蚀速率 K'

磷酸 /mol · (L · min)$^{-1}$	年腐蚀速率 K'/mm · a^{-1}				
	300℃	400℃	500℃	600℃	700℃
0	0.1236	0.7231	0.7945	2.0544	2.7905
$1.8×10^{-3}$	0.1624	0.8526	1.2357	6.1969	16.4611
$1.35×10^{-3}$	0.5407	0.5967	0.8764	4.1820	15.3011
$9×10^{-4}$	0.1803	0.6071	1.0854	2.2430	28.0251
$6.74×10^{-4}$	0.9818	0.4402	1.3218	4.6975	19.6441
$4.5×10^{-4}$	0.8411	0.4267	0.9657	2.7599	20.3725
$2.25×10^{-4}$	0.2772	1.6624	1.0707	4.8483	10.6808

5.2.2.4 Q245R 腐蚀动力学趋势方程

图 5-8 为不同材料在不同腐蚀浓度环境下的动力学曲线拟合，Q245R 腐蚀动力学趋势方程见表 5-12 和表 5-13。

表 5-12 Q245R 纯氧化下的高温腐蚀动力学曲线拟合方程

温度/℃	拟合方程式	相关系数 R^2
600	$y=0.7068x+5.6996$	0.9398
500	$y=0.6101x+3.0885$	0.9741
400	$y=0.2093x+1.0299$	0.965
350	$y=0.1191x+1.055$	0.9227
300	$y=-2E-06x^4+0.0003x^3-0.0117x^2+0.1752x+0.0665$	0.9656
250	$y=0.0279x+0.1966$	0.8414
200	$y=0.015x+0.1585$	0.8113
150	$y=-2E-05x^3+0.0015x^2-0.0087x+0.098$	0.6818

表 5-13　Q245R 不同高温下磷腐蚀动力学曲线拟合方程

温度/℃	磷酸 /mol · (L · min)$^{-1}$	拟合方程式	相关系数 R^2
700		$y = 87.997x - 111.37$	0.9915
600		$y = 34.617x - 37.255$	0.992
500	2.25×10^{-4}	$y = 6.6971x - 4.8343$	0.9899
400		$y = 1.6269x^4 - 22.394x^3 + 102.64x^2 - 167.05x + 85.13$	0.9997
300		$y = 1.4471x - 0.489$	0.9409
700		$y = 133.62x - 115.82$	0.9963
600		$y = 21.334x - 22.976$	0.9901
500	4.5×10^{-4}	$y = 5.5102x - 2.9474$	0.9734
400		$y = -0.4458x^2 + 4.9219x - 3.7204$	0.9522
300		$y = 6.4165x - 6.8436$	0.9927
700		$y = 129.14x - 148.49$	0.9858
600		$y = 38.461x - 47.464$	0.9912
500	6.75×10^{-4}	$y = 7.0456x - 3.3035$	0.9238
400		$y = 2.8834x - 2.3382$	0.9939
300		$y = 1.1421x^4 - 16.604x^3 + 80.725x^2 - 139.66x + 74.046$	0.9782
700		$y = 148.62x - 163.29$	0.9985
600		$y = 12.194x - 3.1838$	0.9172
500	9×10^{-4}	$y = -1.221x^2 + 14.329x - 12.58$	0.9944
400		$y = 3.2632x - 1.1799$	0.9477
300		$y = 1.6494x - 1.8219$	0.915
700		$y = 106.55x - 95.97$	0.9948
600		$y = 28.223x - 24.942$	0.9931
500	1.35×10^{-3}	$y = -1.0387x^2 + 12.277x - 11.285$	0.9839
400		$y = 4.3003x - 4.7692$	0.9596
300		$y = -0.872x^2 + 9.6234x - 9.6331$	0.9334
700		$y = 253.06x - 314.94$	0.9688
600		$y = 44.889x - 46.506$	0.9808
500	1.8×10^{-3}	$y = -1.2073x^2 + 14.228x - 11.545$	0.9557
400		$y = 6.1666x - 5.3005$	0.9342
300		$y = 1.0659x - 0.9737$	0.9927

5.2.2.5　Q245R 高温腐蚀研究分析

如图 5-5 和图 5-6 所示，分别是 Q245R 腐蚀动力学图、腐蚀速率图。图 5-5a 和图 5-6a 中，Q245R 在磷酸浓度为 30%、85%，温度为 40℃、80℃环境下，腐蚀质量变化及腐蚀速率与磷酸浓度和温度成正比，浓度越高、温度越高，质量变化越大，均呈直线上升，磷酸浓度 85%、温度 80℃是磷酸浓度 85%、温度 40℃的质量变化、腐蚀速率的 9.7 倍；图 5-5b、图 5-6b 中在无腐蚀介质下（即纯高温氧化），温度 150℃、200℃、250℃、300℃、350℃、400℃、500℃、600℃，历时 48h 的质量变化图和腐蚀速率图，其腐蚀速率均呈直线上升，温度 150℃、200℃、250℃、300℃质量增量变化、腐蚀速率呈平缓直线状况，温度 350℃、400℃质量增量变化呈上升趋势，温度 500℃、600℃质量增量变化和腐蚀速率呈急剧上升增高趋势，温度越高，质量变化和腐蚀速率越大，600℃质量增量变化和腐蚀速率均为 150℃的 118.2 倍；图 5-5c～j、图 5-6c～j 中，Q245R 在磷酸浓度分别为 1.215×10^{-3} mol/（L·min）、3.645×10^{-3} mol/（L·min），在 150℃、200℃、250℃、300℃、350℃、400℃下，历时 48h 的腐蚀动力学曲线和腐蚀速率曲线，历时 12h，速率出现居高拐点，其腐蚀质量增量急剧增高，磷酸浓度为 1.215×10^{-3} mol/（L·min）时，400℃质量变化和腐蚀速率是 150℃的 12.94 倍，磷酸浓度为 3.645×10^{-3} mol/（L·min）时，300℃质量变化和腐蚀速率是 150℃的 2.15 倍，在磷酸环境中，增加斜率增高极快。图 5-5k～u、图 5-6k～u 中，Q245R 在高温 300℃、400℃、500℃、600℃、700℃下，磷酸浓度分别为 2.25×10^{-4} mol/（L·min）、4.5×10^{-4} mol/（L·min）、6.75×10^{-4} mol/（L·min）、9×10^{-4} mol/（L·min）、1.35×10^{-3} mol/（L·min）、1.8×10^{-3} mol/（L·min）的腐蚀动力学曲线和腐蚀速率曲线，其中图 5-5k～p、图 5-6k～p 是同磷酸浓度不同高温的腐蚀动力学曲线和腐蚀速率曲线，300℃、400℃、500℃腐蚀质量增量随着时间逐渐平缓呈直线型增长，600℃、700℃腐蚀质量增量增长及腐蚀速率极快，在同磷酸浓度环境、同时间下，700℃远远高于 300℃、400℃、500℃，在磷酸浓度是 1.8×10^{-3} mol/（L·min）、历时 10h，即 700℃为 300℃的 249.5 倍；图 5-5q～u、图 5-6q～u，分别是同温度下不同磷酸浓度的腐蚀动力学曲线和腐蚀速率曲线，300℃时磷酸浓度为 6.74×10^{-4} mol/（L·min），历时 12h，腐蚀质量增量出现居高拐点；400℃时，磷酸浓度为 2.25×10^{-4} mol/（L·min），历时 12h，腐蚀速率出现居高拐点；500℃、600℃时，磷酸浓度越高，腐蚀质量增量变化和腐蚀速率越大；700℃，磷酸浓度为 1.8×10^{-3} mol/（L·min），腐蚀质量增量变化和腐蚀速率居高。

表 5-10 显示，Q245R 在无磷酸、无硫酸纯高温氧化环境下（磷酸浓度 0mol/（L·min）），150℃、200℃、250℃、300℃、400℃、500℃、600℃下的高温氧化腐蚀年腐蚀速率，年腐蚀速率与温度呈线性增长，600℃时，年腐蚀速率最高达 2.79mm/a。

表 5-10 显示，在磷酸浓度分别为：0mol/（L·min）、$1.215×10^{-3}$ mol/（L·min）、$3.645×10^{-3}$ mol/（L·min），150℃、200℃、250℃、300℃、350℃、400℃下的年腐蚀速率，随着温度增加、磷酸浓度增加，年腐蚀速率增加；其中，磷酸浓度 $1.215×10^{-3}$ mol/（L·min）、400℃时，年腐蚀速率最高，达 15.69mm/a，其次是磷酸浓度 $1.215×10^{-3}$ mol/（L·min）、350℃时，年腐蚀速率达 2.11mm/a；无磷酸纯高温氧化的年腐蚀速率，与表 5-9 吻合。

表 5-11 显示，Q245R 在磷酸浓度分别为：$2.25×10^{-4}$ mol/（L·min）、$4.5×10^{-4}$ mol/（L·min）、$6.74×10^{-4}$ mol/（L·min）、$9×10^{-4}$ mol/（L·min）、$1.35×10^{-3}$ mol/（L·min）、$1.8×10^{-3}$ mol/（L·min），300℃、400℃、500℃、600℃、700℃下的年腐蚀速率，随着温度增加、磷酸浓度增加，年腐蚀速率增加；其中，磷酸浓度 $9×10^{-4}$ mol/（L·min）、700℃时，年腐蚀速率最高，达 28.03mm/a，其次是磷酸浓度 $4.5×10^{-4}$ mol/（L·min）、700℃时，年腐蚀速率次之，达 20.37mm/a。

表 5-12 显示，Q245R 在无腐蚀介质下，温度 150℃、200℃、250℃、300℃、350℃、400℃、500℃、600℃的动力学拟合方程，随着温度增加、时间增长，高温氧化腐蚀呈线性增长，但温度在 150℃、300℃时，其动力学拟合方程是非线性增长。

表 5-11 显示，Q245R 在磷酸浓度分别为 $2.25×10^{-4}$ mol/（L·min）、$4.5×10^{-4}$ mol/（L·min）、$6.75×10^{-4}$ mol/（L·min）、$9×10^{-4}$ mol/（L·min）、$1.35×10^{-3}$ mol/（L·min）、$1.8×10^{-3}$ mol/（L·min），温度为 300℃、400℃、500℃、600℃、700℃的动力学拟合方程，随温度增加、时间增长，腐蚀呈线性增长，其中，在不同磷酸浓度下，温度在 400~500℃时，其动力学拟合方程也有非线性增长。

5.2.3　304 不锈钢

5.2.3.1　304 腐蚀动力学曲线

304 腐蚀动力学曲线，见图 5-7。

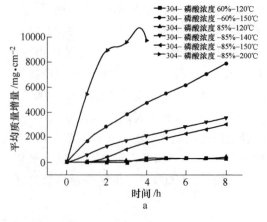
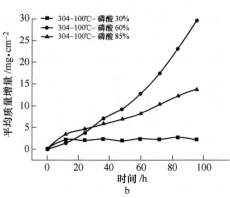

图例（a）:
- 304-磷酸浓度 60%-120℃
- 304-磷酸浓度-60%-150℃
- 304-磷酸浓度 85%-120℃
- 304-磷酸浓度-85%-140℃
- 304-磷酸浓度-85%-150℃
- 304-磷酸浓度-85%-200℃

图例（b）:
- 304-100℃-磷酸 30%
- 304-100℃-磷酸 60%
- 304-100℃-磷酸 85%

a　　　　b

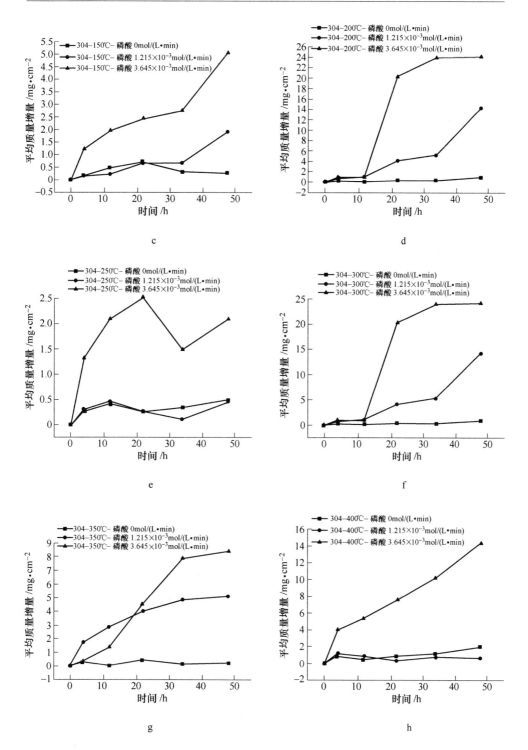

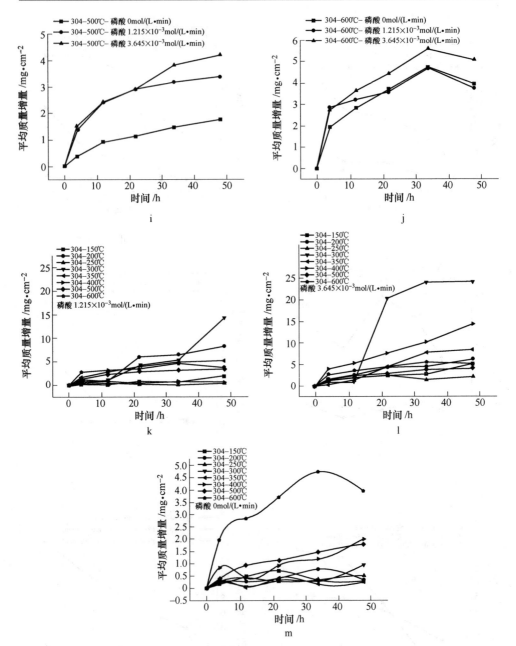

图 5-7   304 不同磷酸浓度、不同高温的腐蚀动力学曲线

a—120~200℃，磷酸 60%~85%；b—100℃，磷酸 30%~85%；c—150℃，不同磷酸浓度；

d—200℃，不同磷酸浓度；e—250℃，不同磷酸浓度；f—300℃，不同磷酸浓度；

g—350℃，不同磷酸浓度；h—400℃，不同磷酸浓度；i—500℃，不同磷酸浓度；

j—600℃，不同磷酸浓度；k—150~600℃，磷酸 1.215×10⁻³mol/（L·min）；

l—150~600℃，磷酸 3.645×10⁻³mol/（L·min）；m—150~600℃，磷酸 0mol/（L·min）

5.2.3.2 304 腐蚀速率

304 腐蚀速率，见图 5-8。

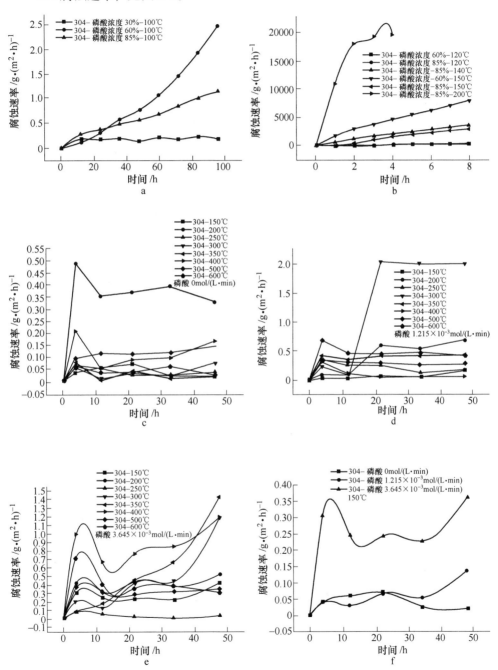

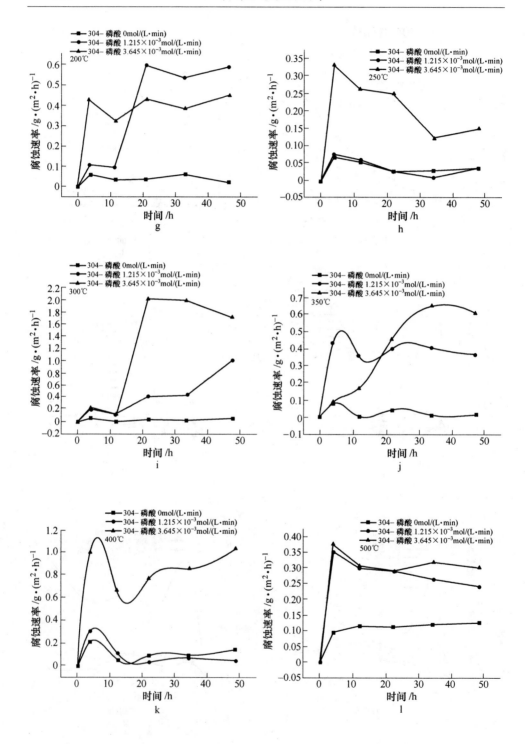

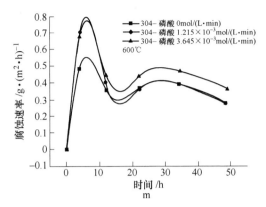

图 5-8 304 在不同磷酸浓度、不同高温下的腐蚀速率

a—100℃，磷酸 30%～85%；b—100～200℃，磷酸 60%～85%；

c—150～600℃，磷酸 0mol/(L·min)；d—150～600℃，磷酸 1.215×10⁻³mol/(L·min)；

e—150～600℃，磷酸 3.645×10⁻³mol/(L·min)；f—150℃，不同磷酸浓度；

g—200℃，不同磷酸浓度；h—250℃，不同磷酸浓度；i—300℃，不同磷酸浓度；

j—350℃，不同磷酸浓度；k—400℃，不同磷酸浓度；

l—500℃，不同磷酸浓度；m—600℃，不同磷酸浓度

5.2.3.3 304 年腐蚀速率

计算图 5-7 和图 5-8 中 304 不锈钢在不同磷酸浓度、不同高温下的年腐蚀速率，见表 5-14。

表 5-14 304 在不同磷酸浓度不同温度下年腐蚀速率 K'

温度/℃	年腐蚀速率 K'/mm·a⁻¹		
	0mol/(L·min)	1.215×10⁻³mol/(L·min)	3.645×10⁻³mol/(L·min)
150	0.0471	0.0723	0.3059
200	0.0481	0.4246	0.4455
250	0.0462	0.0449	0.2462
300	0.0417	0.4871	1.3520
350	0.0337	0.4324	0.4338
400	0.1310	0.1247	0.9481
500	0.0425	0.0462	0.0152
600	0.4163	0.4699	0.5306

5.2.3.4 304 腐蚀动力学趋势方程

由图 5-7 和图 5-8 计算，304 不锈钢在不同磷酸浓度、不同高温下的腐蚀动力学趋势方程，见表 5-15～表 5-17。

表 5-15　304 不同腐蚀浸泡温度的磷腐蚀动力学曲线拟合方程

温度/℃	磷酸/%	拟合方程式	相关系数 R^2
100	60	$y = 0.3008x - 2.8774$	0.9566
120		$y = 3E-05x^4 - 0.0081x^3 + 0.6478x^2 - 11.965x + 17.781$	0.9064
150		$y = 77.935x + 687.88$	0.9825
100	85	$y = 1.5688x + 0.9951$	0.9854
120		$y = 45.919x - 3.0289$	0.9235
140		$y = 444.01x + 241.45$	0.9794
150		$y = 412.66x - 229.65$	0.9839
200		$y = 152.97x^3 - 1868.1x^2 + 7436.4x + 72.584$	0.9967

表 5-16　304 不同高温下磷腐蚀动力学曲线拟合方程

温度 /℃	磷酸 /mol·(L·min)$^{-1}$	拟合方程式	相关系数 R^2
150	1.215×10^{-3}	$y = 0.0007x^2 + 0.0002x + 0.094$	0.9384
200		$y = 0.1177x + 0.8998$	0.924
250		$y = -1E-06x^4 + 0.0002x^3 - 0.0072x^2 + 0.1027x + 0.0002$	1
300		$y = 0.0064x^2 - 0.0296x + 0.4862$	0.9673
350		$y = -0.0028x^2 + 0.2304x + 0.3885$	0.9798
400		$y = -1E-05x^4 + 0.0012x^3 - 0.0373x^2 + 0.375x + 0.0732$	0.919
500		$y = -0.0022x^2 + 0.1666x + 0.4123$	0.9395
600		$y = -2E-05x^4 + 0.002x^3 - 0.0644x^2 + 0.8031x + 0.1624$	0.9723
150	3.645×10^{-3}	$y = 0.0879x + 0.4796$	0.9151
200		$y = 0.1877x - 0.1171$	0.9041
250		$y = 0.0002x^3 - 0.0148x^2 + 0.3422x + 0.0386$	0.9676
300		$y = -0.001x^3 + 0.0629x^2 - 0.1736x - 0.25$	0.9376
350		$y = 0.1985x - 0.222$	0.952
400		$y = 0.2666x + 1.5745$	0.9624
500		$y = -0.0018x^2 + 0.1648x + 0.4395$	0.9541
600		$y = 8E-05x^3 - 0.0097x^2 + 0.372x + 0.5394$	0.9297

表 5-17　304 在无腐蚀介质不同高温的氧化腐蚀动力学曲线拟合方程

温度/℃	拟合方程式	相关系数 R^2
150	$y = 3E-06x^4 - 0.0002x^3 + 0.0043x^2 + 0.0163x + 0.0109$	0.9947
200	$y = -3E-06x^4 + 0.0003x^3 - 0.007x^2 + 0.0741x + 0.009$	0.9966
250	$y = -2E-06x^4 + 0.0002x^3 - 0.0081x^2 + 0.1019x - 0.0074$	0.9949

温度/℃	拟合方程式	相关系数 R^2
300	$y = 3\text{E}-05x^3 - 0.0016x^2 + 0.0286x + 0.0396$	0.927
350	$y = 7\text{E}-07x^5 - 7\text{E}-05x^4 + 0.0026x^3 - 0.0381x^2 + 0.1911x - 2\text{E}-11$	1
400	$y = -3\text{E}-06x^4 + 0.0004x^3 - 0.0113x^2 + 0.1394x + 0.1347$	0.8937
500	$y = 0.0345x + 0.2549$	0.9251
600	$y = -0.0034x^2 + 0.2383x + 0.4424$	0.9514

5.2.3.5 304 高温腐蚀研究分析

如图 5-7 和图 5-8 所示，分别是 304 不锈钢腐蚀动力学图和腐蚀速率图。图 5-7a 和图 5-8a 显示，在磷酸浓度分别为 30%、60%、85%，温度为 100℃ 环境下，磷酸浓度为 60% 时质量增量变化和腐蚀速率最大，均为 30% 的 13.67 倍；图 5-7b 和图 5-8b 显示，在磷酸浓度 60%、85%，温度为 120℃、140℃、150℃、200℃ 环境下，腐蚀质量增量变化和腐蚀速率呈直线上升，磷酸浓度 85%、温度 200℃ 腐蚀质量增量变化和腐蚀速率居高，均为 120℃ 的 64.6047 倍，磷酸浓度越高、温度越高，腐蚀质量增量变化越大；图 5-7c ~ m，是磷酸浓度分别为 0mol/(L·min)、1.215×10^{-3} mol/(L·min)、3.645×10^{-3} mol/(L·min)，在温度 150℃、200℃、250℃、300℃、350℃、400℃、500℃、600℃ 不同高温下的腐蚀动力学曲线和腐蚀速率曲线，同温度下，磷酸浓度越高，腐蚀质量增量越大；在磷酸浓度为 0mol/(L·min) 时，温度越高、腐蚀质量增量越大，600℃ 是 150℃ 的 14.47 倍，当有磷酸介质下，300℃ 腐蚀质量增量最大，是 150℃ 的 4.77 倍、200℃ 的 3.85 倍、250℃ 的 11.545 倍、350℃ 的 2.865 倍、400℃ 的 1.68 倍、500℃ 的 5.763 倍、600℃ 的 4.787 倍。

表 5-14 显示，304 不锈钢在磷酸浓度分别为 0mol/(L·min)、1.215×10^{-3} mol/(L·min)、3.645×10^{-3} mol/(L·min)，在 150℃、200℃、250℃、300℃、350℃、400℃、500℃、600℃ 不同高温下的年腐蚀速率，与时间、温度、磷酸浓度呈正比。其中磷酸浓度 3.645×10^{-3} mol/(L·min)、300℃ 时，年腐蚀速率最高，达 1.35 mm/a，600℃ 时，年腐蚀速率次之，达 0.53 mm/a；无腐蚀介质环境下，304 不锈钢年腐蚀速率与温度成正比、线性增长，600℃ 时，年腐蚀速率最大，达 0.416mm/a。

表 5-15 显示，304 不锈钢在磷酸浓度为 60%、85% 溶液，温度 100℃、120℃、140℃、150℃、200℃ 的动力学拟合方程，随着温度增加、时间增长，腐蚀呈线性增长，120℃、200℃ 时，其动力学拟合方程是非线性增长，140℃、150℃ 时腐蚀速率最大。

表 5-16 显示，304 不锈钢在磷酸浓度分别为 1.215×10^{-3} mol/(L·min)、3.645×10^{-3} mol/(L·min)，温度 150℃、200℃、250℃、300℃、350℃、400℃、500℃、600℃ 的动力学拟合方程，200℃、350℃ 方程斜率最大，说明腐蚀速率最快。

表 5-17 显示，304 不锈钢在无腐蚀介质，温度 150℃、200℃、250℃、300℃、350℃、400℃、500℃、600℃的动力学拟合方程，除 500℃外，其余均为非线性方程。

5.2.4　316L 不锈钢

5.2.4.1　316L 腐蚀动力学曲线

316L 腐蚀动力学曲线，见图 5-9。

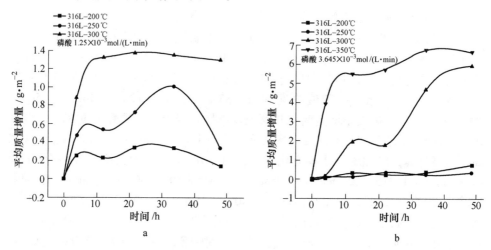

图 5-9　316L 不同磷酸浓度、不同高温的腐蚀动力学曲线

a—200~300℃，磷酸 1.215×10⁻³mol/(L·min)；b—200~350℃，磷酸 3.645×10⁻³mol/(L·min)

5.2.4.2　316L 高温腐蚀速率

316L 高温腐蚀速率，见图 5-10。

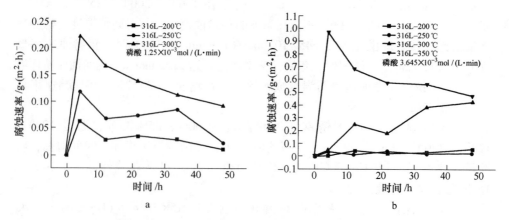

图 5-10　316L 不同磷酸浓度、不同高温下的腐蚀速率

a—200~300℃，磷酸 1.215×10⁻³mol/(L·min)；b—200~350℃，磷酸 3.645×10⁻³mol/(L·min)

5.2.4.3 316L 年腐蚀速率

计算图 5-9 和图 5-10 中 316L 不锈钢在不同磷酸浓度、不同高温下的年腐蚀速率，见表 5-18。

表 5-18　316L 在不同磷酸浓度不同温度下的年腐蚀速率 K'

磷酸 /mol·(L·min)$^{-1}$	年腐蚀速率/mm·a^{-1}			
	200℃	250℃	300℃	350℃
3.645×10^{-3}	0.0339	0.0289	0.0003	0.7172
1.25×10^{-3}	0.0362	0.0803	0.1601	—

5.2.4.4 316L 腐蚀动力学趋势方程

图 5-9 和图 5-10 中 316L 不锈钢在不同磷酸浓度、不同高温下的年腐蚀动力学趋势方程，见表 5-19。

表 5-19　316L 不同高温下磷腐蚀动力学曲线拟合方程

温度 /℃	磷酸/mol·(L·min)$^{-1}$	拟合方程式	相关系数 R^2
200		$y=2E-07x^5-3E-05x^4+0.0011x^3-0.0176x^2+0.1188x-2E-11$	1
250	1.215×10^{-3}	$y=-4E-06x^4+0.0004x^3-0.0103x^2+0.1274x+0.0332$	0.9749
300		$y=7E-05x^3-0.0063x^2+0.1674x+0.1203$	0.9504
200		$y=3E-05x^3-0.002x^2+0.0438x-0.0352$	0.9518
250	3.645×10^{-3}	$y=3E-07x^5-3E-05x^4+0.0011x^3-0.0148x^2+0.0787x-3E-11$	1
300		$y=3E-05x^3-0.002x^2+0.0438x-0.0352$	0.9518
350		$y=0.0002x^3-0.0216x^2+0.6264x+0.6817$	0.9245

5.2.4.5 316L 高温腐蚀研究分析

图 5-9 和图 5-10，是磷酸浓度分别为 1.215×10^{-3}mol/(L·min)、3.645×10^{-3} mol/(L·min)，在温度 200℃、250℃、300℃、350℃下，316L 不锈钢腐蚀动力学曲线和腐蚀速率曲线。温度越高，腐蚀质量增量越大。

表 5-18 显示，316L 不锈钢在磷酸浓度分别为 1.215×10^{-3}mol/(L·min)、3.645×10^{-3}mol/(L·min)，200℃、250℃、300℃、350℃不同高温下的年腐蚀速率，与时间、温度呈正比。磷酸浓度 3.645×10^{-3}mol/(L·min)、350℃时，年腐蚀速率最高，达 0.71mm/a，磷酸浓度 1.215×10^{-3}mol/(L·min)、300℃时，年腐蚀速率次之，达 0.16mm/a。

表 5-19 显示，316L 不锈钢在磷酸浓度分别为 1.215×10^{-3}mol/(L·min)、3.645×10^{-3}mol/(L·min)，温度 200℃、250℃、300℃、350℃的动力学拟合方程，均为非线性方程。

5.2.5   16MnR

5.2.5.1   16MnR 腐蚀动力学曲线

16MnR 腐蚀动力学曲线，见图 5-11。

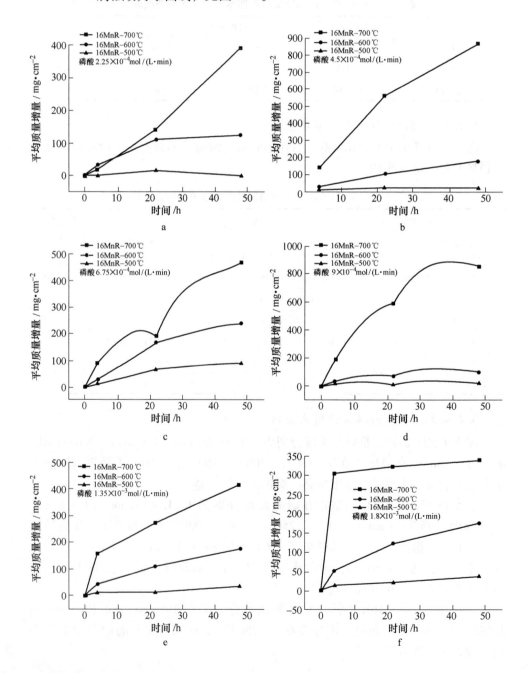

图 5-11

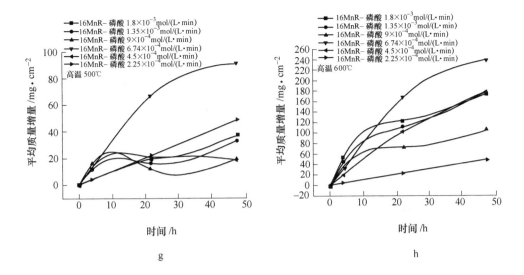

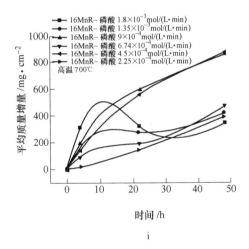

图 5-11　16MnR 不同磷酸浓度、不同温度、历时不同的腐蚀动力学曲线

a—500~700℃，磷酸 2.25×10⁻⁴mol/(L·min)；b—500~700℃，磷酸 4.5×10⁻⁴mol/(L·min)；

c—500~700℃，磷酸 6.75×10⁻⁴mol/(L·min)；d—500~700℃，磷酸 9×10⁻⁴mol/(L·min)；

e—500~700℃，磷酸 1.35×10⁻³mol/(L·min)；f—500~700℃，磷酸 1.8×10⁻³mol/(L·min)；

g—500℃，不同磷酸浓度；h—600℃，不同磷酸浓度；i—700℃，不同磷酸浓度

5.2.5.2　16MnR 腐蚀速率

16MnR 腐蚀速率，见图 5-12。

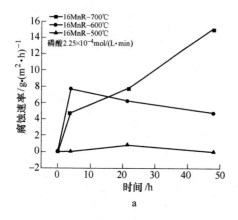

a

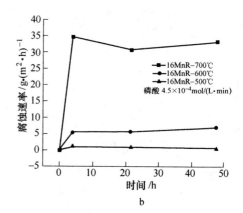

b

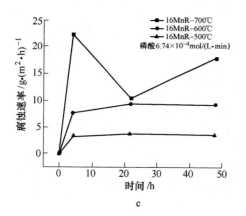

c

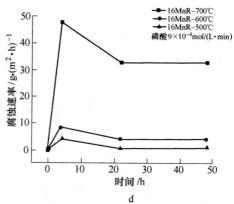

d

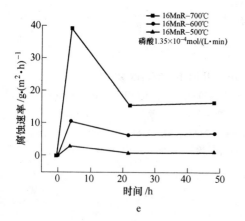

e

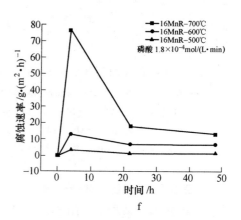

f

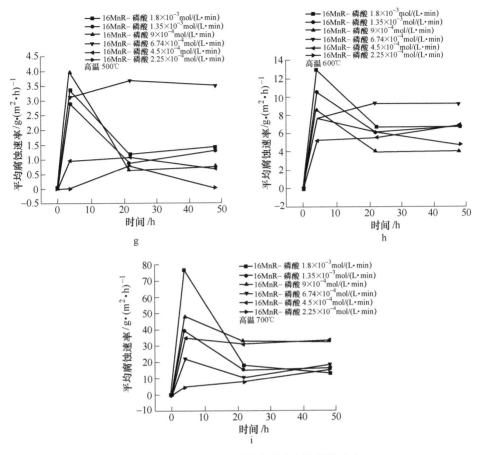

图 5-12 16MnR 在不同磷酸浓度的腐蚀速率

a—500~700℃，磷酸 2.25×10⁻⁴mol/(L·min)；b—500~700℃，磷酸 4.5×10⁻⁴mol/(L·min)；

c—500~700℃，磷酸 6.74×10⁻⁴mol/(L·min)；d—500~700℃，磷酸 9×10⁻⁴mol/(L·min)；

e—500~700℃，磷酸 1.35×10⁻³mol/(L·min)；f—500~700℃，磷酸 1.8×10⁻³mol/(L·min)；

g—500℃，不同磷酸浓度；h—600℃，不同磷酸浓度；i—700℃，不同磷酸浓度

5.2.5.3 16MnR 年腐蚀速率

对图 5-11 和图 5-12，计算 16MnR 年腐蚀速率，见表 5-20。

表 5-20 16MnR 在不同磷酸浓度、不同温度下的年腐蚀速率 K'

磷酸 /mol·(L·min)⁻¹	年腐蚀速率 K'/mm·a⁻¹		
	500℃	600℃	700℃
1.8×10⁻³	2.2061	9.8383	39.7901
1.35×10⁻³	1.8703	8.6629	26.0875
9×10⁻⁴	1.9992	6.1238	41.9915

磷酸 /mol · (L · min)$^{-1}$	年腐蚀速率 K'/mm · a^{-1}		
	500℃	600℃	700℃
6.74×10^{-4}	3.8108	9.5974	18.7494
4.5×10^{-4}	1.0199	6.5550	36.5286
2.25×10^{-4}	0.2970	6.8799	10.1497

5.2.5.4　16MnR 腐蚀动力学趋势方程

图 5-11 和图 5-12 中 16MnR 在不同磷酸浓度、不同高温下的年腐蚀动力学趋势方程，见表 5-21。

表 5-21　16MnR 在不同高温下磷腐蚀动力学曲线拟合方程

温度 /℃	磷酸 /mol · (L · min)$^{-1}$	拟合方程式	相关系数 R^2
700	2.25×10^{-4}	$y = 0.8318x^2 - 7.2962x + 13.695$	0.9917
600		$y = 4.9113x + 7.5493$	0.9627
500		$y = -0.0068x^3 + 0.2037x^2 - 0.7001x - 3E-13$	1
700	4.5×10^{-4}	$y = 32.616x - 2.3779$	0.9948
600		$y = 6.9465x - 11.382$	0.977
500		$y = -0.0542x^2 + 2.2819x - 4.3224$	1
700	6.74×10^{-4}	$y = 0.716x^2 - 2.5519x + 34.901$	0.957
600		$y = 9.2944x - 2.8649$	0.9993
500		$y = 3.5586x - 0.313$	0.9977
700	9×10^{-4}	$y = 31.847x + 27.57$	0.9951
600		$y = 3.6959x + 8.3975$	0.968
500		$y = 0.0114x^3 - 0.4901x^2 + 5.769x - 1E-12$	1
700	1.35×10^{-3}	$y = 14.159x + 42.256$	0.9387
600		$y = 6.3574x + 5.9613$	0.9847
500		$y = 0.0087x^3 - 0.3346x^2 + 4.1095x - 2E-12$	1
700	1.8×10^{-3}	$y = 0.163x^3 - 7.7772x^2 + 105.13x - 2E-11$	1
600		$y = 6.2914x + 11.998$	0.9787
500		$y = 1.2174x + 3.2745$	0.9153

5.2.5.5　16MnR 高温腐蚀研究分析

如图 5-11 和图 5-12 所示，是在磷酸浓度分别为 $2.25×10^{-4}$ mol/(L · min)、$4.5×10^{-4}$ mol/(L · min)、$6.75×10^{-4}$ mol/(L · min)、$9×10^{-4}$ mol/(L · min)、1.35×

10^{-3} mol/(L·min)、1.8×10^{-3} mol/(L·min)，高温 500℃、600℃、700℃下的腐蚀动力学曲线图和腐蚀速率图，腐蚀质量变化和腐蚀速率与磷酸浓度和温度成正比增长。磷酸浓度分别为 1.8×10^{-3} mol/(L·min)、1.35×10^{-3} mol/(L·min)、9×10^{-4} mol/(L·min)、6.75×10^{-4} mol/(L·min)、4.5×10^{-4} mol/(L·min)、2.25×10^{-4} mol/(L·min)，历时 48h，700℃腐蚀质量增量、腐蚀速率是 500℃ 的倍数，分别为 9.21 倍、12.74 倍、43.26 倍、5.16 倍、47 倍、671.65 倍。

表 5-20 显示，16MnR 在磷酸浓度分别为 2.25×10^{-4} mol/(L·min)、4.5×10^{-4} mol/(L·min)、6.74×10^{-4} mol/(L·min)、9×10^{-4} mol/(L·min)、1.35×10^{-3} mol/(L·min)、1.8×10^{-3} mol/(L·min)，500℃、600℃、700℃不同高温下的年腐蚀速率，与时间、温度、磷酸浓度呈正比。其中，磷酸浓度 9×10^{-4} mol/(L·min)、700℃时，年腐蚀速率最高，达 42mm/a；其次，磷酸浓度 1.8×10^{-3} mol/(L·min)、700℃时，年腐蚀速率次之，达 39.79 mm/a。

表 5-21 显示，16MnR 在磷酸浓度为 2.25×10^{-4} mol/(L·min)、4.5×10^{-4} mol/(L·min)、6.74×10^{-4} mol/(L·min)、9×10^{-4} mol/(L·min)、1.35×10^{-3} mol/(L·min)、1.8×10^{-3} mol/(L·min)，温度 500℃、600℃、700℃的动力学拟合方程，拟合方程斜率与温度、磷酸浓度成正比，温度越高、磷酸浓度越高，腐蚀拟合方程斜率越高。

5.2.6 高温磷腐蚀分析

综上所述，Q245R、16MnR、304、316L 腐蚀程度、腐蚀速率及年腐蚀率，均与环境温度、时间、磷酸浓度成正比。Q245R、16MnR 对腐蚀介质浓度最敏感，其年腐蚀速率均大于 10mm/a，属于不耐磷酸腐蚀材料。Q245R，在无腐蚀介质下，600℃ 年腐蚀速率达到最大 2.79mm/a，当磷酸浓度 9×10^{-4} mol/(L·min)、700℃，年腐蚀速率达到最大 28.0251mm/a。16MnR，当磷酸浓度 9×10^{-4} mol/(L·min)、700℃，年腐蚀速率达到最大 42mm/a。304 不锈钢在磷酸浓度 3.645×10^{-3} mol/(L·min)、300℃、年腐蚀速率达到最大 1.35mm/a，316L 不锈钢在磷酸浓度 3.645×10^{-3} mol/(L·min)、300℃、年腐蚀速率达到最大 0.72mm/a。

结论：在有磷酸腐蚀介质中，材料的高温腐蚀速率为：16MnR>Q245R≫304>316L。

5.3 磷酸–硫酸共存环境

5.3.1 Q245R

5.3.1.1 Q245R 腐蚀动力学曲线

Q245R 腐蚀动力学曲线，见图 5-13。

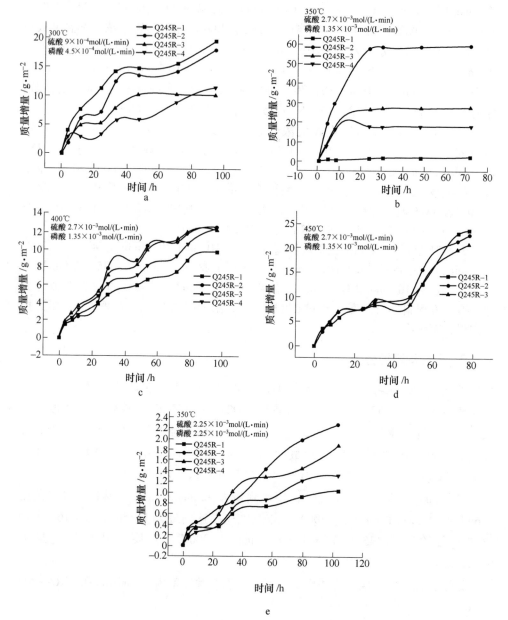

图 5-13　Q245R 在不同浓度的磷酸和硫酸共存下、不同高温的腐蚀动力学曲线

a—300℃，磷酸 $4.5×10^{-4}$ mol/(L·min)，硫酸 $9×10^{-4}$ mol/(L·min)；

b—350℃，磷酸 $1.35×10^{-3}$ mol/(L·min)，硫酸 $2.7×10^{-3}$ mol/(L·min)；

c—400℃，磷酸 $1.35×10^{-3}$ mol/(L·min)，硫酸 $2.7×10^{-3}$ mol/(L·min)；

d—450℃，磷酸 $1.35×10^{-3}$ mol/(L·min)，硫酸 $2.7×10^{-3}$ mol/(L·min)；

e—350℃，磷酸 $2.25×10^{-3}$ mol/(L·min)，硫酸 $2.25×10^{-3}$ mol/(L·min)

5.3.1.2 Q245R 高温腐蚀速度

Q245R 高温腐蚀速度，见图 5-14。

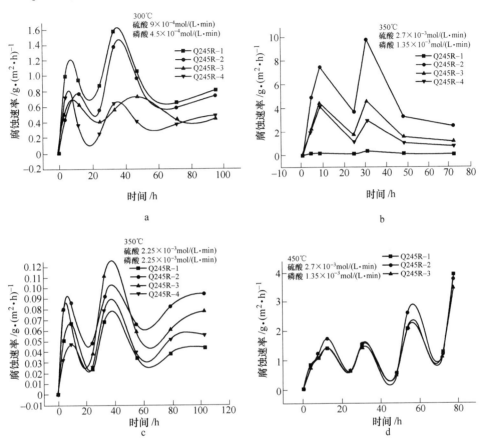

图 5-14　Q245R 在不同浓度的磷酸和硫酸共存下、不同高温的腐蚀速率

a—300℃，磷酸 $4.5×10^{-4}$ mol/(L·min)，硫酸 $9×10^{-4}$ mol/(L·min)；

b—350℃，磷酸 $1.35×10^{-3}$ mol/(L·min)，硫酸 $2.7×10^{-3}$ mol/(L·min)；

c—350℃，磷酸 $2.25×10^{-3}$ mol/(L·min)，硫酸 $2.25×10^{-3}$ mol/(L·min)；

d—450℃，磷酸 $1.35×10^{-3}$ mol/(L·min)，硫酸 $2.7×10^{-3}$ mol/(L·min)

5.3.2　304 不锈钢

5.3.2.1　304 腐蚀动力学曲线

304 腐蚀动力学曲线，见图 5-15。

5.3.2.2　304 高温腐蚀速率

304 高温腐蚀速率，见图 5-16。

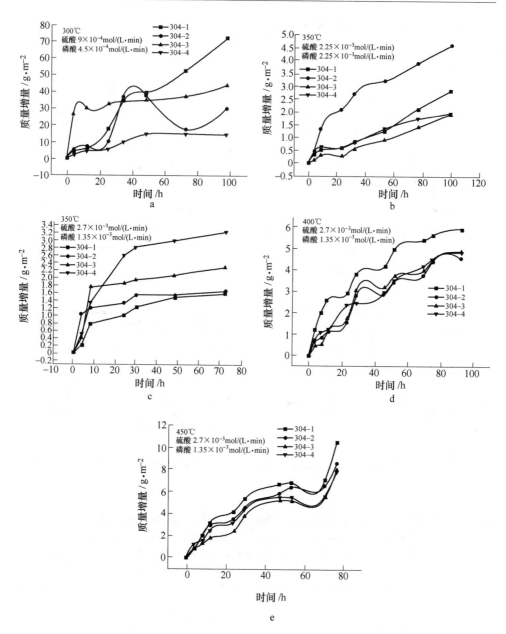

图 5-15　304 在不同浓度的磷酸和硫酸共存下、不同高温的腐蚀动力学曲线

a—300℃，磷酸 4.5×10⁻⁴mol/(L·min)，硫酸 9 ×10⁻⁴mol/(L·min)；

b—350℃，磷酸 2.25×10⁻³mol/(L·min)，硫酸 2.25×10⁻³mol/(L·min)；

c—350℃，磷酸 1.35×10⁻³mol/(L·min)，硫酸 2.7×10⁻³mol/(L·min)；

d—400℃，磷酸 1.35×10⁻³mol/(L·min)，硫酸 2.7 ×10⁻³mol/(L·min)；

e—450℃，磷酸 1.35×10⁻³mol/(L·min)，硫酸 2.7×10⁻³mol/(L·min)

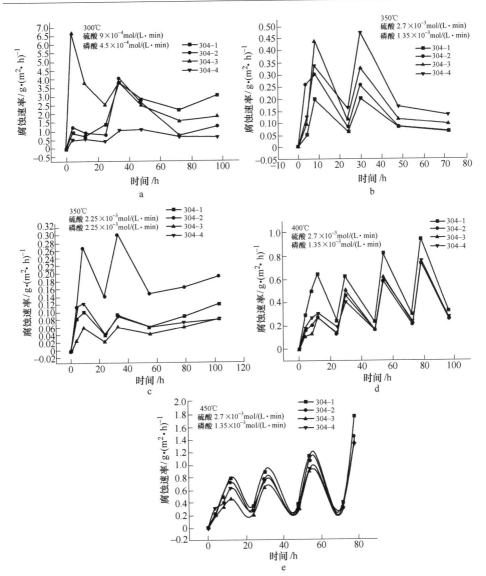

图 5-16 304 在不同浓度的磷酸和硫酸共存下、不同高温的腐蚀速率

a—300℃，磷酸 4.5×10^{-4}mol/（L·min），硫酸 9×10^{-4}mol/（L·min）；
b—350℃，磷酸 1.35×10^{-3}mol/（L·min），硫酸 2.7×10^{-3}mol/（L·min）；
c—350℃，磷酸 2.25×10^{-3}mol/（L·min），硫酸 2.25×10^{-3}mol/（L·min）；
d—400℃，磷酸 1.35×10^{-3}mol/（L·min），硫酸 2.7×10^{-3}mol/（L·min）；
e—450℃，磷酸 1.35×10^{-3}mol/（L·min），硫酸 2.7×10^{-3}mol/（L·min）

5.3.3 316L 不锈钢

5.3.3.1 316L 腐蚀动力学曲线

316L 不锈钢腐蚀动力学曲线，见图 5-17。

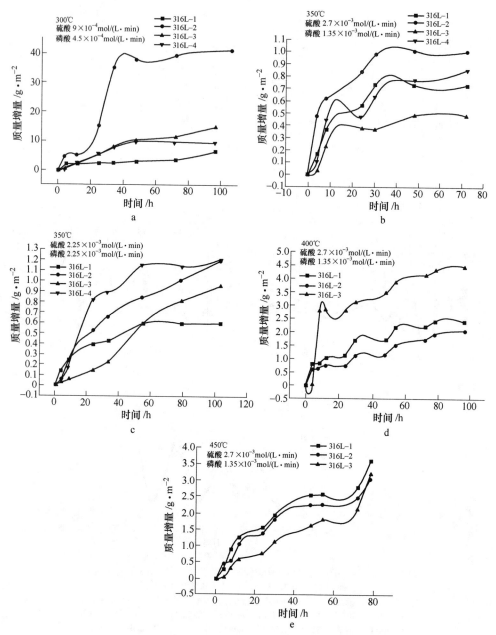

图 5-17 316L 在不同浓度的磷酸和硫酸共存下、不同高温的腐蚀动力学曲线

a—300℃，磷酸 4.5×10^{-4} mol/(L·min)，硫酸 9×10^{-4} mol/(L·min)；

b—350℃，磷酸 1.35×10^{-3} mol/(L·min)，硫酸 2.7×10^{-3} mol/(L·min)；

c—350℃，磷酸 2.25×10^{-3} mol/(L·min)，硫酸 2.25×10^{-3} mol/(L·min)；

d—400℃，磷酸 1.35×10^{-3} mol/(L·min)，硫酸 2.7×10^{-3} mol/(L·min)；

e—450℃，磷酸 1.35×10^{-3} mol/(L·min)，硫酸 2.7×10^{-3} mol/(L·min)

5.3.3.2 316L 腐蚀速率

316L 不锈钢高温腐蚀速率，见图 5-18。

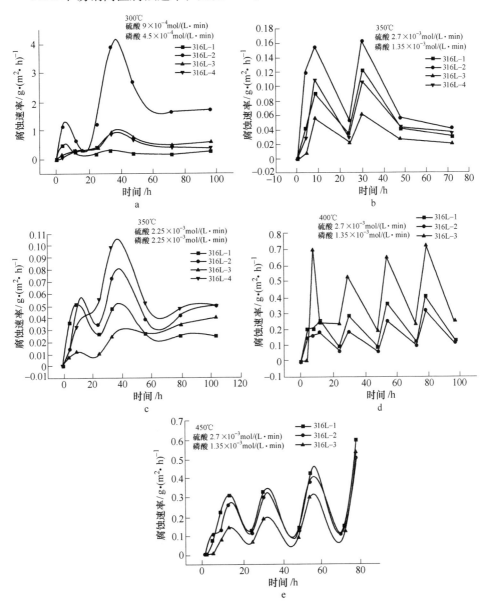

图 5-18 316L 在不同浓度的磷酸和硫酸共存下、不同高温的腐蚀速率

a—300℃，磷酸 4.5×10⁻⁴ mol/(L·min)，硫酸 9×10⁻⁴ mol/(L·min)；

b—350℃，磷酸 1.35×10⁻³ mol/(L·min)，硫酸 2.7×10⁻³ mol/(L·min)；

c—350℃，磷酸 2.25×10⁻³ mol/(L·min)，硫酸 2.25×10⁻³ mol/(L·min)；

d—400℃，磷酸 1.35×10⁻³ mol/(L·min)，硫酸 2.7×10⁻³ mol/(L·min)；

e—450℃，磷酸 1.35×10⁻³ mol/(L·min)，硫酸 2.7×10⁻³ mol/(L·min)

5.3.4　合金

5.3.4.1　合金腐蚀动力学曲线

合金腐蚀动力学曲线，见图 5-19。

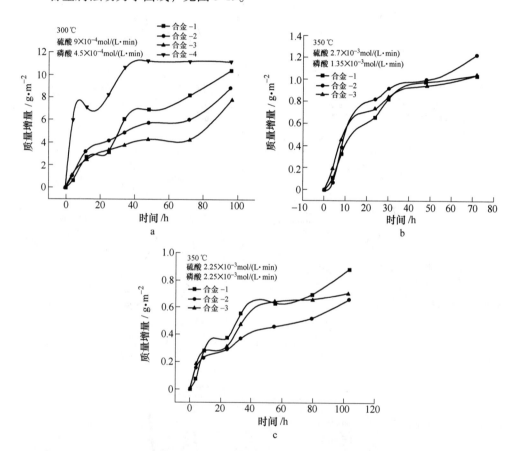

图 5-19　合金在不同浓度的磷酸和硫酸共存下、不同高温的腐蚀动力学曲线

a—300℃，磷酸 4.5×10⁻⁴mol/（L·min），硫酸 9 ×10⁻⁴mol/（L·min）；

b—350℃，磷酸 1.35×10⁻³mol/（L·min），硫酸 2.7 ×10⁻³mol/（L·min）；

c—350℃，磷酸 2.25×10⁻³mol/（L·min），硫酸 2.25×10⁻³mol/（L·min）

5.3.4.2　合金高温腐蚀速率

合金高温腐蚀速率，见图 5-20。

5.3.5　不同材料腐蚀动力学及腐蚀速率对比

不同材料腐蚀动力学及腐蚀速率对比，见图 5-21 和图 5-22。

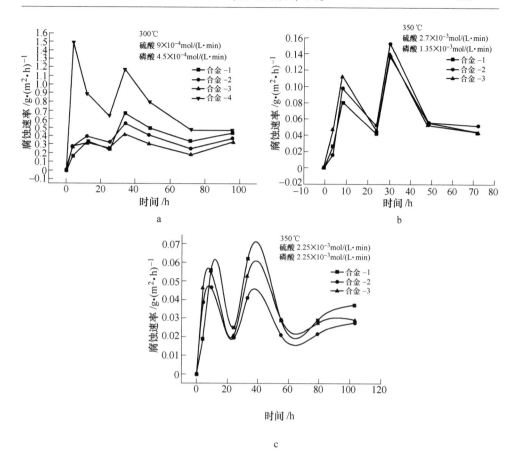

图 5-20 合金在不同浓度的磷酸和硫酸共存下、不同高温的腐蚀速率

a—300℃，磷酸 $4.5×10^{-4}$mol/（L·min），硫酸 $9×10^{-4}$mol/（L·min）；

b—350℃，磷酸 $1.35×10^{-3}$mol/（L·min），硫酸 $2.7×10^{-3}$mol/（L·min）；

c—350℃，磷酸 $2.25×10^{-3}$mol/（L·min），硫酸 $2.25×10^{-3}$mol/（L·min）

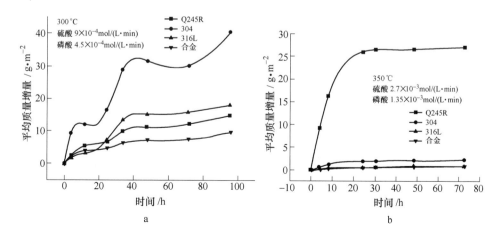

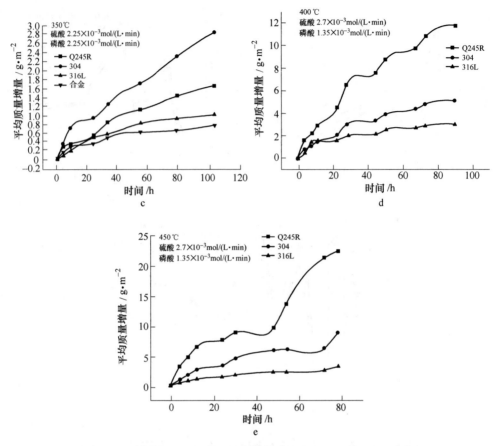

图 5-21   不同材料在不同浓度的磷酸和硫酸共存下的腐蚀动力学曲线

a—300℃，磷酸 4.5×10^{-4} mol/(L·min)，硫酸 9×10^{-4} mol/(L·min)；

b—350℃，磷酸 1.35×10^{-3} mol/(L·min)，硫酸 2.7×10^{-3} mol/(L·min)；

c—350℃，磷酸 2.25×10^{-3} mol/(L·min)，硫酸 2.25×10^{-3} mol/(L·min)；

d—400℃，磷酸 1.35×10^{-3} mol/(L·min)，硫酸 2.7×10^{-3} mol/(L·min)；

e—450℃，磷酸 1.35×10^{-3} mol/(L·min)，硫酸 2.7×10^{-3} mol/(L·min)

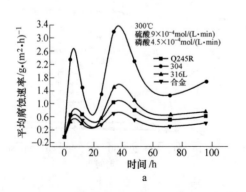

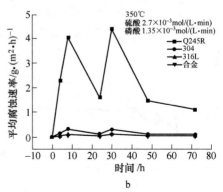

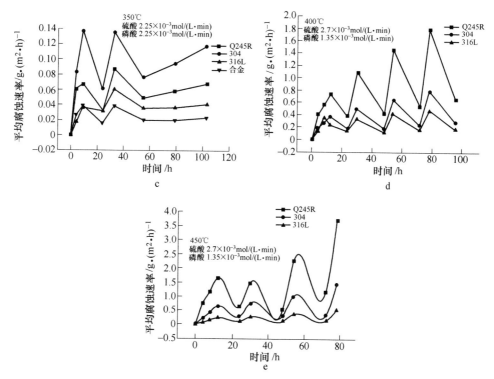

图 5-22　不同材料在不同浓度的磷酸和硫酸共存下的高温腐蚀速率

a—300℃，磷酸 $4.5×10^{-4}$ mol/(L·min)，硫酸 $9×10^{-4}$ mol/(L·min)；

b—350℃，磷酸 $1.35×10^{-3}$ mol/(L·min)，硫酸 $2.7×10^{-3}$ mol/(L·min)；

c—350℃，磷酸 $2.25×10^{-3}$ mol/(L·min)，硫酸 $2.25×10^{-3}$ mol/(L·min)；

d—400℃，磷酸 $1.35×10^{-3}$ mol/(L·min)，硫酸 $2.7×10^{-3}$ mol/(L·min)；

e—450℃，磷酸 $1.35×10^{-3}$ mol/(L·min)，硫酸 $2.7×10^{-3}$ mol/(L·min)

5.3.6　年腐蚀速率

对图 5-13~图 5-22 所示磷酸-硫酸共存腐蚀动力学曲线、高温腐蚀速率，计算其年腐蚀速率，见表 5-22。

表 5-22　不同材料在不同磷酸-硫酸、不同温度下年腐蚀速率 K'

材料	温度/℃	磷酸/mol·(L·min)$^{-1}$	硫酸/mol·(L·min)$^{-1}$	年腐蚀速率/mm·a^{-1}
Q245R				2.1283
304	300	$4.5×10^{-4}$	$9×10^{-4}$	0.8407
316L				0.7790
合金				0.5284

材料	温度 /℃	磷酸 /mol·(L·min)$^{-1}$	硫酸 /mol·(L·min)$^{-1}$	年腐蚀速率 /mm·a^{-1}
Q245R				2.7806
304	350	1.35×10^{-3}	2.7×10^{-3}	0.1982
316L				0.0682
合金				0.0579
Q245R				0.0677
304	350	2.25×10^{-3}	2.25×10^{-3}	0.1113
316L				0.0407
合金				0.0291
Q245R				0.8949
304	400	1.35×10^{-3}	2.7×10^{-3}	0.4038
316L				0.2742
Q245R				1.6614
304	450	1.35×10^{-3}	2.7×10^{-3}	0.6711
316L				0.2438

5.3.7　腐蚀动力学趋势方程

图 5-13~图 5-22，是在研究装置（图 3-3）中，不同研究材料不同高温下，不同磷酸浓度与不同硫酸浓度共存气氛下历时不同的腐蚀速率，其腐蚀动力学趋势方程，见表 5-23。

表 5-23　不同材料磷、硫协同腐蚀动力学曲线拟合方程

材料	温度 /℃	磷酸 /mol·(L·min)$^{-1}$	硫酸 /mol·(L·min)$^{-1}$	腐蚀动力学拟合曲线方程	相关系数 R^2
Q245R				$y=2.9032x-2.4112$	0.9902
304	300	4.5×10^{-4}	9×10^{-4}	$y=4.97x-4.6262$	0.9581
316L				$y=4.0137x-5.1048$	0.9594
合金				$y=2.3152x-1.3081$	0.9796
Q245R				$y=-20.461x^2+244.49x-232.34$	0.9838
304	350	1.35×10^{-3}	2.7×10^{-3}	$y=2.8571x-0.6404$	0.9092
316L				$y=1.9521x-0.6667$	0.9344
合金				$y=3.366x-2.9721$	0.9683

材料	温度/℃	磷酸/mol·(L·min)$^{-1}$	硫酸/mol·(L·min)$^{-1}$	腐蚀动力学拟合曲线方程	相关系数 R^2
Q245R	350	2.25×10^{-3}	2.25×10^{-3}	$y = 3.357x - 4.3635$	0.9821
304				$y = 5.2284x - 7.66$	0.9774
316L				$y = 2.2923x - 2.9759$	0.9796
合金				$y = 1.7491x - 0.9888$	0.9827
Q245R	400	1.35×10^{-3}	2.7×10^{-3}	$y = 18.793x - 19.112$	0.992
304				$y = 6.8652x - 5.4349$	0.9914
316L				$y = 1.6435x - 1.3955$	0.9892
Q245R	450	1.35×10^{-3}	2.7×10^{-3}	$y = 33.974x - 44.65$	0.9141
304				$y = 10.989x - 11.591$	0.9756
316L				$y = 7.0081x - 8.6718$	0.9847

5.3.8 腐蚀速率趋势方程

在研究装置（图 3-2）中，不同研究材料不同高温下，不同磷酸浓度与不同硫酸浓度共存气氛下历时不同的腐蚀速率趋势方程，见表 5-24。

表 5-24　不同材料在不同磷酸和硫酸共存下的腐蚀速率趋势方程

材料	温度/℃	磷酸/mol·(L·min)$^{-1}$	硫酸/mol·(L·min)$^{-1}$	腐蚀速率趋势方程	R^2
Q245R	300	4.5×10^{-4}	9×10^{-4}	$y = 0.005x^5 - 0.128x^4 + 1.086x^3 - 4.216x^2 + 7.499x - 4.250$	0.906
304				$y = 0.025x^5 - 0.569x^4 + 4.797x^3 - 18.41x^2 + 31.75x - 17.58$	0.906
316L				$y = 0.008x^5 - 0.187x^4 + 1.506x^3 - 5.407x^2 + 8.687x - 4.605$	0.918
合金				$y = 0.004x^5 - 0.101x^4 + 0.864x^3 - 3.397x^2 + 6.093x - 3.464$	0.910
Q245R	350	1.35×10^{-3}	2.7×10^{-3}	$y = 0.100x^6 - 2.385x^5 + 22.25x^4 - 103.2x^3 + 247.2x^2 - 282.9x + 118.9$	1
304				$y = 0.008x^6 - 0.199x^5 + 1.877x^4 - 8.802x^3 + 21.35x^2 - 24.79x + 10.56$	1
316L				$y = 0.002x^6 - 0.054x^5 + 0.512x^4 - 2.388x^3 + 5.771x^2 - 6.706x + 2.863$	1
合金				$y = 0.002x^6 - 0.054x^5 + 0.512x^4 - 2.388x^3 + 5.771x^2 - 6.706x + 2.863$	1

材料	温度 /℃	磷酸 /mol·(L·min)$^{-1}$	硫酸 /mol·(L·min)$^{-1}$	腐蚀速率趋势方程	R^2
Q245R				$y=0.000x^5-0.007x^4+0.068x^3-0.282x^2+0.537x-0.316$	0.717
304				$y=0.002x^3-0.036x^2+0.167x-0.129$	0.657
316L	350	2.25×10^{-3}	2.25×10^{-3}	$y=0.000x^4-0.003x^3+0.014x^2-0.009x-0.001$	0.812
合金				$y=4E-05x^6-0.000x^5+0.007x^4-0.031x^3+0.050x^2+0.007x-0.033$	0.664
Q245R				$y=-0.000x^6+0.010x^5-0.142x^4+0.945x^3-3.237x^2+5.435x-3.035$	0.554
304	400	1.35×10^{-3}	2.7×10^{-3}	$y=-0.000x^6+0.004x^5-0.056x^4+0.372x^3-1.270x^2+2.164x-1.224$	0.531
316L				$y=-4E-05x^6+0.001x^5-0.015x^4+0.109x^3-0.430x^2+0.935x-0.613$	0.452
Q245R				$y=0.001x^6-0.044x^5+0.557x^4-3.350x^3+9.911x^2-12.74x+5.699$	0.817
304	450	1.35×10^{-3}	2.7×10^{-3}	$y=0.000x^6-0.021x^5+0.265x^4-1.586x^3+4.724x^2-6.257x+2.885$	0.779
316L				$y=0.000x^6-0.008x^5+0.102x^4-0.619x^3+1.880x^2-2.560x+1.210$	0.795

5.3.9　磷-硫共存环境腐蚀研究分析

（1）在磷酸浓度 4.5×10^{-4}mol/（L·min）、硫酸浓度 9×10^{-4}mol/（L·min）共存、300℃环境下，材料 Q245R、304 不锈钢、316L 不锈钢、合金的腐蚀动力学曲线和腐蚀速率图。腐蚀动力学曲线表明，平均质量增量：Q245R 最大值 14.7886g/m^2，平均 8.9838g/m^2；304 最大值 40.3852g/m^2，平均 24.1259g/m^2；316L 最大值 17.9543g/m^2，平均 10.6136g/m^2；合金最大值 9.5599g/m^2，平均 5.8776g/m^2；历时 4h、34h 有急剧增加拐点，均为非线性增长，历时 49h 后平缓线性趋势。304 腐蚀速率最高，316L 次之，Q246R 位于第三，合金最弱。

腐蚀速率：Q245R 最大值 1.1165g/（m^2·h），平均 0.6981g/（m^2·h）；304 最大值 3.1858g/（m^2·h），平均 1.9266g/（m^2·h）；316L 最大值 1.4897g/（m^2·h），平均 0.7658g/（m^2·h）；合金最大值 0.5537g/（m^2·h），平均 0.4735g/

$(m^2 \cdot h)$。

对应的年腐蚀速率表 5-23，304 年腐蚀速率最高，达 2.1283mm/a，316L 次之，达 0.8407mm/a，Q245R 第三，0.7790 mm/a，合金较弱，0.5284mm/a。

（2）在磷酸浓度 1.35×10^{-3} mol/（L·min）、硫酸浓度 2.7×10^{-3} mol/（L·min）、350℃下，材料 Q245R、304 不锈钢、316L 不锈钢、合金腐蚀动力学曲线表明，平均质量增量：Q245R 最大值 27.0303g/m²，平均 21.8696g/m²；304 最大值 2.1915g/m²，平均 1.6016g/m²；316L 最大值 0.7671g/m²，平均 0.5593g/m²；合金最大值 0.8248g/m²，平均 0.5215g/m²；历时 8h、30h 有急剧增加拐点，均为非线性增长，历时 72h 后平缓线性上升趋势。Q245R 腐蚀速率最高，304 次之，316L 和合金第三。

腐蚀速率：Q245R 最大值 4.3884g/（m²·h），平均 2.4918g/（m²·h）；304 最大值 0.3188g/（m²·h），平均 0.1795g/（m²·h）；316L 最大值 0.1128g/（m²·h），平均 0.0622g/（m²·h）；合金最大值 0.1071g/（m²·h），平均 0.0519g/（m²·h）。

对应的年腐蚀速率表 5-23 显示，Q245R 年腐蚀速率最高，达 2.7806mm/a，304 次之，达 0.1982mm/a，316L 第三，0.0682mm/a，合金较弱，0.0579mm/a。

（3）在磷酸浓度 2.25×10^{-3} mol/（L·min）、硫酸浓度 2.25×10^{-3} mol/（L·min）、350℃下，材料 Q245R、304 不锈钢、316L 不锈钢、合金腐蚀动力学曲线表明，平均质量增量：Q245R 最大值 1.6320g/m²，平均 0.8558g/m²；304 最大值 2.8218g/m²，平均 1.4189g/m²；316L 最大值 0.9840g/m²，平均 0.5617g/m²；合金最大值 0.7499g/m²，平均 0.4497g/m²；历时 9h、33h 有急剧增加拐点，33h 腐蚀速率最高，均为非线性增长，历时 55h 后平缓线性上升趋势。304 腐蚀速率最高，Q245R 次之，316L 第三，合金最弱。

腐蚀速率：Q245R 最大值 0.0875g/（m²·h），平均 0.0607g/（m²·h）；304 最大值 0.1371g/（m²·h），平均 0.1008g/（m²·h）；316L 最大值 0.0410g/（m²·h），平均 0.0371g/（m²·h）；合金最大值 0.0393g/（m²·h），平均 0.0262g/（m²·h）。

对应的年腐蚀速率表 5-23 显示，304 腐蚀速率最高，达 0.1114mm/a，Q245R 次之，达 0.0677mm/a，316L 第三，0.0407mm/a，合金较弱，0.0292mm/a。

（4）在磷酸浓度 1.35×10^{-3} mol/（L·min）、硫酸浓度 2.7×10^{-3} mol/（L·min）、400℃下，材料 Q245R、304 不锈钢、316L 不锈钢腐蚀动力学曲线表明，平均质量增量：Q245R 最大值 11.7874g/m²，平均 6.6376g/m²；304 最大值 5.0523g/m²，平均 2.9786g/m²；316L 最大值 2.8986g/m²，平均 2.0212g/m²；历时 12h、30h、54h、78h 有急剧增加拐点，78h 腐蚀速率最高，均为非线性增长。Q245R 腐蚀速率最高，304 次之，316L 最弱。

腐蚀速率图显示：Q245R 最大值 1.8004g/（m²·h），平均 0.8019g/（m²·h）；304 最大值 0.7938g/（m²·h），平均 0.3656g/（m²·h）；316L 最大值 0.4831g/（m²·h），平均 0.2498g/（m²·h）。

对应的年腐蚀速率表 5-23 显示，Q245R 年腐蚀速率最高，达 0.8949mm/a，304 次之，达 0.4038mm/a，316L 第三，0.2742mm/a。

（5）在磷酸浓度 1.35×10^{-3} mol/（L·min）、硫酸浓度 2.7×10^{-3} mol/（L·min）、450℃下，材料 Q245R、304 不锈钢、316L 不锈钢腐蚀动力学曲线表明，平均质量增量：Q245R 最大值 22.3919g/m²，平均 10.8576g/m²；304 最大值 8.7674g/m²，平均 4.4300g/m²；316L 最大值 3.2895g/m²，平均 1.6436g/m²；历时 12h、30h、54h、78h 有急剧增加拐点，78h 腐蚀速率最高，均为非线性增长。Q245R 腐蚀速率最高，304 次之，316L 最弱。

腐蚀速率：Q245R 最大值 3.7319g/（m²·h），平均 1.4888g/（m²·h）；304 最大值 1.4612g/（m²·h），平均 0.6076g/（m²·h）；316L 最大值 0.5482g/（m²·h），平均 0.2221g/（m²·h）。

对应的年腐蚀速率表 5-23 显示，Q245R 年腐蚀速率最高，达 1.6614mm/a，304 年腐蚀速率次之，达 0.6712mm/a，316L 年腐蚀速率第三，达 0.2438mm/a。

（6）动力学曲线拟合方程、腐蚀速率趋势。

表 5-24 显示：Q245R、304、316L、合金，在磷酸浓度 4.5×10^{-4} mol/（L·min）、硫酸浓度 9×10^{-4} mol/（L·min）、300℃的腐蚀动力学、腐蚀速率拟合方程。腐蚀动力学拟合方程呈线性增长，腐蚀速率拟合方程均为非线性方程。

Q245R、304、316L、合金，在磷酸浓度 1.35×10^{-3} mol/（L·min）、硫酸浓度 2.7×10^{-3} mol/（L·min）、350℃的腐蚀动力学、腐蚀速率拟合方程。腐蚀动力学拟合方程 Q245R 非线性增长，其余线性增长；腐蚀速率拟合方程均为非线性方程。

Q245R、304、316L、合金，在磷酸浓度 2.25×10^{-3} mol/（L·min）、硫酸浓度 2.25×10^{-3} mol/（L·min）、350℃的腐蚀动力学、腐蚀速率拟合方程。所有腐蚀动力学曲线呈非线性增长，所有腐蚀速率均为非线性方程。

Q245R、304、316L，在磷酸浓度 1.35×10^{-3} mol/（L·min）、硫酸浓度 2.7×10^{-3} mol/（L·min）、400℃的腐蚀动力学、腐蚀速率拟合方程，均为线性增长。

Q245R、304、316L，在磷酸浓度 1.35×10^{-3} mol/（L·min）、硫酸浓度 2.7×10^{-3} mol/（L·min）、450℃的腐蚀动力学、腐蚀速率拟合方程，均为线性增长。

Q245R、304、316L、合金与温度、时间、磷酸浓度、硫酸浓度成正比。

Q245R 对腐蚀介质浓度最敏感，年腐蚀速率最大。

结论：在磷酸-硫酸共存腐蚀介质中，材料的高温腐蚀速率、腐蚀深度为：Q245R≫304>316L>合金。

5.4　结论

（1）研究材料 Q245R、304 不锈钢，在无磷酸、无硫酸纯高温氧化环境下，其年腐蚀速率随着温度的增加而增加，Q245R、304 不锈钢年腐蚀速率最大均出现在 600℃时，分别达 2.05mm/a、0.416mm/a。

（2）Q245R、304 不锈钢、316L 不锈钢、16MnR 材料，在仅有磷酸环境下，磷酸浓度分别为 0mol/（L·min）、2.25×10^{-4}mol/（L·min）、4.5×10^{-4}mol/（L·min）、6.74×10^{-4}mol/（L·min）、9×10^{-4}mol/（L·min）、1.35×10^{-3}mol/（L·min）、1.8×10^{-3}mol/（L·min），在研究装置磷酸低温露点腐蚀试验装置、黄磷尾气高温腐蚀模拟试验装置（图 3-2）中，进行了温度分别为 300℃、400℃、500℃、600℃、700℃的质量增量的腐蚀动力学研究，分析了腐蚀动力学曲线及趋势方程、腐蚀速率曲线及趋势方程、年腐蚀速率。在磷酸环境下，Q245R 最大年腐蚀速率为 28.03mm/a（700℃），304 不锈钢最大年腐蚀速率为 1.35 mm/a（300℃），316L 不锈钢年腐蚀速率为 0.71 mm/a（350℃），16MnR 年最大腐蚀速率为 42mm/a（700℃）。因此在磷酸环境下，材料年腐蚀速率为：16MnR>Q245R≫304>316L。

（3）研究材料 Q245R、304 不锈钢、316L 不锈钢、合金，在磷酸-硫酸共存环境下，在研究装置黄磷尾气高温腐蚀模拟试验装置（图 3-2）、黄磷尾气磷硫多组分高温腐蚀试验装置（图 3-3）中，在不同磷酸浓度、硫酸浓度共存环境、不同温度下，磷酸浓度 4.5×10^{-4}mol/（L·min）、硫酸浓度 9×10^{-4}mol/（L·min）、300℃，磷酸浓度 1.35×10^{-3} mol/（L·min）、硫酸浓度 2.7×10^{-3}mol/（L·min）、350℃、400℃，磷酸浓度 2.25×10^{-3}mol/（L·min）、硫酸浓度 2.25×10^{-3}mol/（L·min）、350℃的质量增量的腐蚀动力学研究，分析了腐蚀动力学曲线及趋势方程、腐蚀速率曲线及趋势方程、年腐蚀速率。在磷酸-硫酸共存下的协同腐蚀，Q245R 最大年腐蚀速率为 2.781mm/a（350℃），304 不锈钢最大年腐蚀速率为 0.84mm/a（300℃），316L 不锈钢最大年腐蚀速率为 0.78mm/a（300℃），合金最大年腐蚀速率为 0.528 mm/a（300℃）。Q245R 最大年腐蚀率均出现在 350℃时，304 不锈钢、316L 不锈钢、合金最大年腐蚀率均出现在 300℃时。因此在磷酸-硫酸共存环境下，材料腐蚀速率为：Q245R≫304>316L>合金。

6 磷及磷-硫环境下腐蚀产物形貌及组织结构

<<<<<<<<<<<<<<<<<<<<<<<<<<<<<<<<<<<<<<<<<<<<<<<<<<<<<<<<<<<<<<<

本章采用 XRD 光谱分析、X 射线衍射法、化学分析电子能谱法、扫描型电子显微镜 SEM 分析、金相分析，鉴定第 4、第 5 章环境下，研究试样不锈钢 AISI304（以下简称 304）、AISI316L（以下简称 316L）、Q245R（原 20g、20G）、16MnR 的腐蚀物质，探索被腐蚀的材料的组织形貌、相组织，分析所生成的化合物以及磷衍生物化学结构，探索模拟尾气中杂质磷、磷-硫环境下，在不同高温下的形态变化、反应机理，揭示其腐蚀机理，确定腐蚀类型。

6.1 磷单组分环境下高温腐蚀研究

6.1.1 磷酸不同高温分解现象及其产物

在研究装置——黄磷尾气高温腐蚀模拟试验装置（ZL200820081310.0，图3-2）中，磷酸浓度为 1.8×10^{-3} mol/（L·min），在 200~700℃不同高温下分解现象及其对 Q245R 腐蚀产物，见表 6-1。

表 6-1 磷酸加热分解现象及产物分析

温度/℃	环境烟雾	试样表面	试样腐蚀	存 在 物 质
200	无烟雾	大量疏松黑色 少量粉色沉积物	腐蚀严重	H_3PO_4、$Fe_3(PO_4)_2$ $FePO_4$、$Fe(H_2PO_4)_2$
225	开始出现 白色烟雾	大量疏松黑色 粉色沉积物	腐蚀严重	H_3PO_4、$H_4P_2O_7$、$Fe\,H_2P_2O_7$ $Fe_3(PO_4)_2$、$Fe(H_2PO_4)_2$、$Fe_3(PO_4)_2$
250	可见白色 烟雾颗粒	大量疏松黑色 粉色沉积物	腐蚀严重	H_3PO_4、$H_4P_2O_7$、$Fe\,H_2P_2O_7$ $Fe_3(PO_4)_2$、$(HPO_3)_n$、$Fe(PO_3)_2$
300	较浓白色 烟雾	出现少量白色 粉色沉积物	腐蚀较轻	H_3PO_4、$H_4P_2O_7$、$(HPO_3)_n$、 $Fe_3(PO_4)_2$、$Fe(PO_3)_2$、$Fe(PO_3)_3$ $FePO_4$、$Fe(PO_3)_2$、$H_2FeP_3O_{10}$ $Fe_7(PO_4)_6$、$Fe_5(PO_4)_3(OH)_5$
350	大量烟雾	少量白色和 粉色沉积物	腐蚀较轻	H_3PO_4、$(HPO_3)_n$、$Fe_3(PO_4)_2$ $Fe(PO_3)_2$、$Fe(PO_3)_3$
400	大量烟雾	少量白色沉积物	腐蚀较轻	H_3PO_4、$(HPO_3)_n$、$Fe_3(PO_4)_2$ $Fe(PO_3)_2$、$Fe(PO_3)_3$ Fe_3O_4、Fe_2O_3、FeO

温度/℃	环境烟雾	试样表面	试样腐蚀	存 在 物 质
500	大量烟雾	少量白色沉积物	腐蚀较轻 氧化腐蚀加重	H_3PO_4，$(HPO_3)_n$ $Fe(PO_3)_2$、$Fe_3(PO_4)_2$ Fe_3O_4、Fe_2O_3、FeO
600	大量烟雾	微量白色沉积物	腐蚀较轻 氧化腐蚀严重	H_3PO_4，$(HPO_3)_n$ $Fe(PO_3)_2$、$Fe_3(PO_4)_2$ Fe_3O_4、Fe_2O_3、FeO
700	大量烟雾	微量白色沉积物	腐蚀轻 氧化腐蚀严重	H_3PO_4，$(HPO_3)_n$ $Fe(PO_3)_2$、$Fe_3(PO_4)_2$ Fe_3O_4、Fe_2O_3、FeO

由表6-1可看出，当温度低于225℃，试验装置出气口无白色烟雾产生，即磷酸未达磷酸分解温度，大部分磷酸受热后蒸发变成分散的磷酸蒸气颗粒，形成磷酸雾，是种液状气溶胶；当温度达225℃后，磷酸开始失去部分水分，生成$H_4P_2O_7$；当温度达300℃后，焦磷酸继续失去水分，分解成偏磷酸及聚合偏磷酸$(HPO_3)_n$；本研究在400~700℃环境下，磷酸分解所形成的腐蚀气氛中，大部分是偏磷酸及其聚合体。

用高温腐蚀研究装置尾气吸收系统（图6-1）收集其酸蒸气，将吸收管3吸收液集中到烧杯中，用硝酸银滴定，产生黄色磷酸银沉淀（磷酸与硝酸银反应生成黄色磷酸银沉淀），证明产生的酸蒸气为磷酸蒸气。

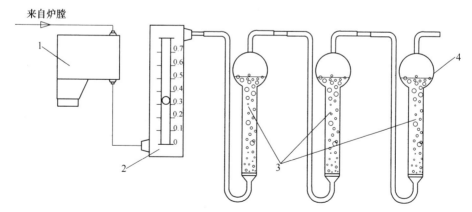

图6-1 高温腐蚀研究装置尾气吸收系统

1—水封；2—流量计；3—磷、硫气体吸附柱1；4—磷、硫气体吸附柱2

6.1.2 Q245R 在含磷环境下高温腐蚀

在研究装置——黄磷尾气高温腐蚀模拟试验装置（ZL200820081310.0）（图

3-2)和磷硫多组分高温腐蚀试验系统和试验方法（ZL200810058710.4）（图 3-3）中，对燃气锅炉常用材料 Q245R 进行的磷酸环境下的不同磷酸浓度不同高温下腐蚀研究。Q245R 腐蚀前后形貌见图 6-2，在磷酸高温环境下的分解产物见图 6-3。

　　　　a　　　　　　　　　　　　b　　　　　　　　　　　　c

图 6-2　Q245R 磷酸腐蚀前后形貌（300℃，48h，磷酸 $1.8×10^{-3}$ mol/(L·min)）

　　　　　　a　　　　　　　　　　　　　　　　b

图 6-3　Q245R 分解产物（300℃，48h，磷酸 $1.8×10^{-3}$ mol/(L·min)）

　　由表 6-1 可看出，当温度低于 225℃，磷酸未达磷酸分解温度，大部分磷酸受热后蒸发变成分散的磷酸蒸气颗粒，形成磷酸雾；当温度达 225℃后，磷酸开始失去部分水分，生成 $H_4P_2O_7$；当温度达 300℃后，焦磷酸继续失去水分，分解成偏磷酸及聚合偏磷酸 $(HPO_3)_n$；本研究，在 400~700℃，磷酸分解所形成的腐蚀气氛中，大部分是偏磷酸及其聚合体。

　　图 6-2 是在 300℃、磷酸浓度为 $1.8×10^{-3}$ mol/(L·min) 环境下，Q245R 试样腐蚀前后外观情况：图 6-1 试样初始数据：厚度 14.02mm；直径 30.28mm；壁厚 4.6mm，经 48h 腐蚀后，减薄了，对应的数据为：厚度 10.52mm；直径 29.12mm；壁厚 2.32mm，腐蚀后最薄处的减薄率达 50%。腐蚀产物暴露与空气接触后，腐蚀产物开始潮解，腐蚀产物吸湿性很强，见图 6-3，表层有疏松结块并呈粉红色不规则沉积物，内层（与试样基体结合处）为黑色致密物质，伴有明显裂纹和剥落的腐蚀产物，其表面腐蚀形貌及其微区的能谱图见图 6-4~图 6-

7，腐蚀产物的 X 射线衍射图见图 6-10 和图 6-11。

图 6-4 是 Q245R 在磷酸浓度为 $1.8×10^{-3}$ mol/（L·min），经 48h、300℃ 环境下，SEM 1000 倍、2000 倍、5000 倍、10000 倍的腐蚀形貌图 SEM：图 6-4a 显示经磷酸腐蚀后表面呈蜂窝状形貌；图 6-4b、c 显示表面有大量蜂窝状孔洞，大多数呈六边形管状结构，大小不一（1~9μm），图 6-4d 显示较大的六边形孔洞放大 10000 倍，呈正六边形（22.6~23.7μm）；图 6-4c 是 Q245R 腐蚀前后试样形貌（5000×）。

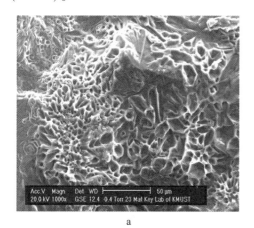

a

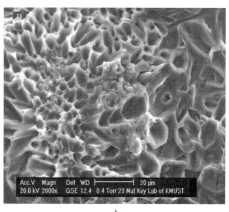

b

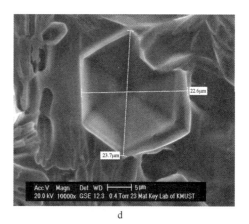

c

d

图 6-4　Q245R-3 腐蚀形貌 SEM（300℃，48h，磷酸 $1.8×10^{-3}$ mol/（L·min））
a—Q245R-3，SEM（1000×）；b—Q245R-3，SEM（2000×）；
c—Q245R-4，SEM（5000×）；d—Q245R-4，SEM（10000×）

图 6-5 是从该区域元素能谱分析，其微区 1 和微区 2 能谱分析结果见表 6-2。由图 6-4 两微区和表 6-1 可知，图 6-5 中的区域 1 和区域 2 微区成分基本一致。由表 6-2 中区域 1、区域 2 中 Fe、P、O 三元素质量分数分别为 Fe：P：O=1：1.33：

图 6-5   Q245R-3 微区能谱分析

3.06；Fe：P：O=1：1.33：2.98；区域1、区域2中Fe、P、O三元素原子分数分别为Fe：P：O=1：2.4：10.68；Fe：P：O=1：2.4：10.41，两微区元素平均原子个数之比Fe：P：O=1：2.4：10.55。

表 6-2   Q245R-3 腐蚀试样微区成分能谱分析结果

区域	元素	质量分数/%	原子分数/%
区域1	O K	56.76	75.85
	P K	24.71	17.05
	Fe K	18.53	7.10
区域2	O K	56.14	75.39
	P K	25.04	17.37
	Fe K	18.82	7.24

已知 $Fe(PO_3)_3$ 各元素个数比 Fe：P：O=1：3：9，$Fe(PO_3)_2$ 各元素个数比 Fe：P：O=1：2：6，$FePO_4$ 各元素个数比 Fe：P：O=1：1：4，表明所有腐蚀产物中有 $Fe(PO_3)_3$、$Fe(PO_3)_2$ 或 $FePO_4$。推测是磷酸及其高温时的分解产物与试样基体 Q24R 的反应产物，蜂窝状结构物可能为 $FePO_4$、$Fe(PO_3)_2$、$Fe(PO_3)_3$、$FeH_2P_2O_7$ 其中一种或多种产物。

图 6-6 和图 6-7 显示，Q245R 试样在 300℃、磷酸浓度为 1.8×10^{-3} mol/(L·min) 环境下，经 48h 后的腐蚀产物，含有 P、O 等元素，其腐蚀产物有 $FeH_2P_2O_7$、$FePO_4$、$Fe(PO_3)_2$，是磷酸及其分解产物的沉积物。

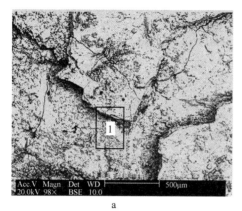
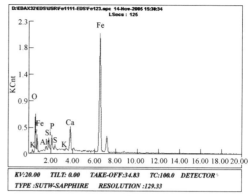

图 6-6 Q245R 表面腐蚀形貌及其微区 1 的能谱图

（300℃，48h，磷酸 1.8×10^{-3} mol/（L·min））

a—SEM（100×）；b—EDS

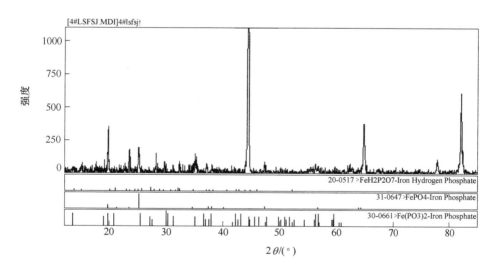

图 6-7 Q245R-3 腐蚀产物的 XRD（300℃，48h，磷酸 1.8×10^{-3} mol/（L·min））

图 6-8 分别是 Q245R-4 腐蚀形貌图 1000 倍、2000 倍、5000 倍、10000 倍。图 6-8a 显示，大量管状结构物分布密集，几乎均为开口朝上的中空结构。图 6-8c 是 5000 倍局部放大图，呈六边形的管状物，管壁较薄（2.31~9.86μm），图 6-8d 是 10000 倍局部放大图，呈尺寸很小、正六边形、内径为圆形、排布不均匀的大量细管结构（管径 891nm~1.09μm，壁厚约 200nm）。

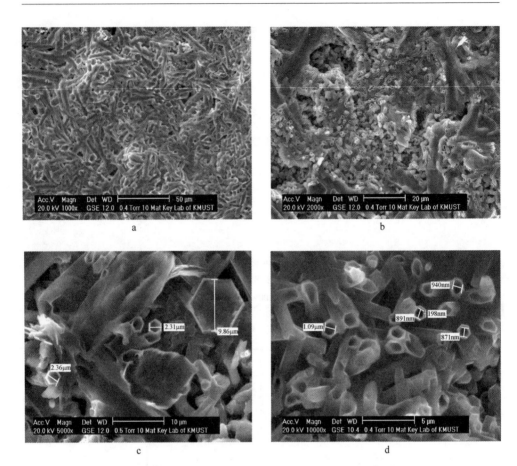

图 6-8　Q245R-2 腐蚀形貌 SEM（300℃，48h，磷酸 1.8×10^{-3} mol/（L·min））

a—Q245R-4，SEM（1000×）；b—Q245R-4，SEM（2000×）；

c—Q245R-4，SEM（5000×）；d—Q245R-4，SEM（10000×）

　　由图 6-9 和表 6-3 是 Q245R-4 微区成分分析及其结果。区域 1 和区域 3 Fe 含量较高，区域 2 为最外层，该区域 Fe 含量较低，EDS 对三微区成分分析结果是区域 1、区域 2、区域 3 的 Fe 质量分数分别为 18.69%、9.32%、18.55%，区域 2 仅为区域 1 和区域 3 的 1/2。区域 1、区域 2、区域 3 Fe、P、O 元素个数百分数分别为：Fe:P:O=1:2.54:10.01；Fe:P:O=1:5.51:21.32；Fe:P:O=1:2.57:10.18。图 6-8d 显示磷酸腐蚀产物微观结构多呈蜂窝状正六边形管状结构，尺寸大小不一，最小管径 890nm，最大 24μm，最小管壁厚度为 198nm。表明：Q245R 表面腐蚀产物有：偏磷酸亚铁 $Fe(PO_3)_2$，偏磷酸铁 $Fe(PO_3)_3$，磷酸亚铁 $Fe(PO_4)_2$，磷酸铁 $Fe(PO_4)_3$，磷酸受热分解产生的偏磷酸 HPO_3 及其聚合物聚偏磷酸 $(HPO_3)_n$，还有尚未分解的磷酸 H_3PO_4。

图 6-9　Q245R-4 微区能谱分析

表 6-3　Q245R-4 腐蚀试样微区成分能谱分析结果

区域	元素	质量分数/%	原子分数/%
区域 1	O K	53.66	73.12
	Al K	0.82	0.67
	Si K	0.52	0.40
	P K	26.31	18.52
	Fe K	18.69	7.30
区域 2	O K	56.89	73.54
	Al K	2.76	2.11
	Si K	2.52	1.86
	P K	28.51	19.03
	Fe K	9.32	3.45
区域 3	O K	54.06	73.47
	Al K	0.61	0.49
	Si K	0.38	0.30
	P K	26.39	18.53
	Fe K	18.55	7.22

图 6-10 显示，Q245R-4 在 300℃，磷酸浓度为 $1.8 \times 10^{-3} mol/(L \cdot min)$ 环境下的腐蚀产物 X 射线衍射图谱，经 48h 后，表面腐蚀产物含有偏磷酸亚铁 $Fe(PO_3)_2$、偏磷酸铁 $Fe(PO_3)_3$ 及其聚合物聚偏磷酸 $H_2FeP_3O_{10}$、$Fe_7(PO_4)_6$、$Fe_5(PO_4)_3(OH)_5$。

图 6-11 显示，Q245R 在 700℃，磷酸浓度为 $0 mol/(L \cdot min)$ 环境下，高温氧化的腐蚀产物 X 射线衍射图谱，经 48h 后，表面腐蚀产物含有 Fe_3O_4、Fe_2O_3、FeO 等多组元的氧化化合物，存在高温氧化腐蚀。

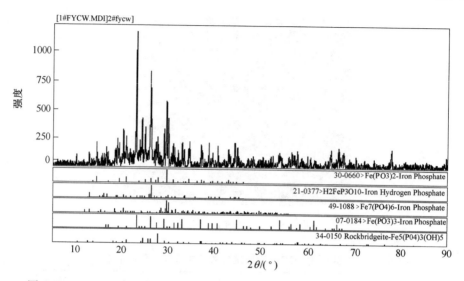

图 6-10　Q245R-4 腐蚀产物的 XRD（300℃，48h，磷酸 1.8×10⁻³mol/（L·min））

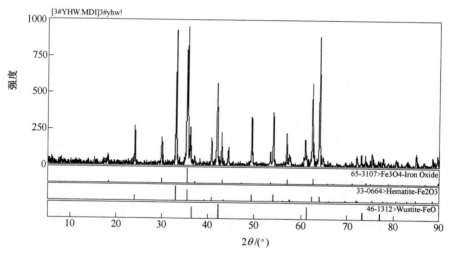

图 6-11　Q245R 腐蚀产物的 XRD（700℃，48h，磷酸 0mol/（L·min））

6.1.3　16MnR 在含磷环境下高温腐蚀

在研究装置——和磷硫多组分高温腐蚀试验系统和试验方法（ZL200810058710.4）（图 3-3）中，对燃气锅炉常用材料 16MnR 进行的磷酸环境下的不同磷酸浓度不同高温下腐蚀研究。16MnR 试样在磷酸浓度为 1.8×10⁻³ mol/（L·min）、700℃不同高温下，经 48h 后腐蚀外观腐蚀后形貌见图 6-12，腐蚀电镜扫描 SEM 见图 6-13，X 射线衍射图谱 XRD 分析见图 6-14。

a b

图 6-12 16MnR 腐蚀形貌（700℃，48h，磷酸 1.8×10^{-3}mol/（L·min））

图 6-13 显示，16MnR 中 Mn 含量为 1.4%，与磷酸及其分解产物反应，生成了 Mn 的磷酸盐，其表面腐蚀产物含有白色包裹物：偏磷酸亚铁 $Fe(PO_3)_2$，硫酸亚铁 $FePO_4$，Mn 的磷酸盐 $Mn_{1.5}Fe_{0.5}PO_4(OH)$ 及氧化化合物 Fe_2O_3。

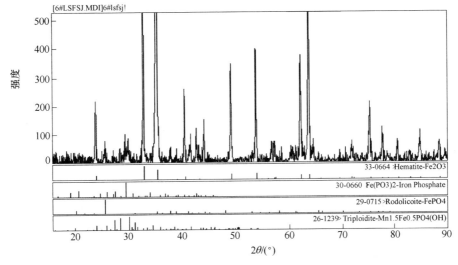

图 6-13 16MnR 腐蚀产物的 XRD（700℃，48h，磷酸 1.8×10^{-3}mol/（L·min））

6.1.4 304 不锈钢在含磷环境下高温腐蚀

在研究装置——和磷硫多组分高温腐蚀试验系统和试验方法（ZL200810058710.4）（图 3-3）中，对燃气设备材料 304 不锈钢进行的磷酸环境下的不同磷酸浓度不同高温下腐蚀研究。304 不锈钢试样在磷酸浓度为 1.35×10^{-3}mol/（L·min）、300℃高温下，经 48h 高温腐蚀后，其腐蚀产物形貌电镜扫描 SEM 见图 6-14，X 射线衍射图谱 XRD 分析见图 6-15~图 6-22。

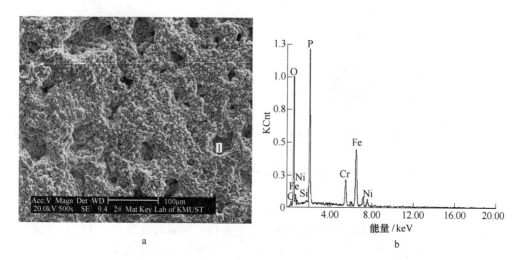

图 6-14   304 不锈钢磷酸表面腐蚀形貌及其微区 1 的能谱图

（300℃，48h，磷酸 $1.35×10^{-3}$ mol/（L·min））

a—SEM（500×）；b—EDS

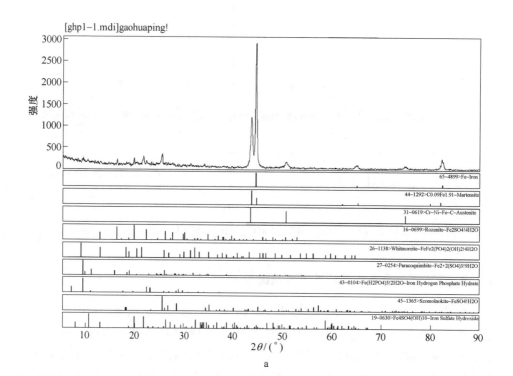

a

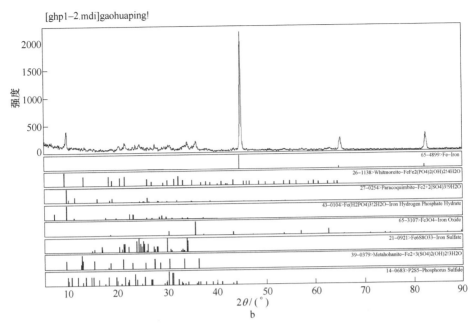

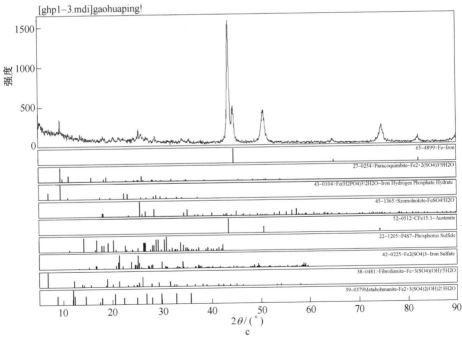

图 6-15　不同材料在磷-硫共存环境下的 XRD

（400℃，12h，磷酸 $1.35×10^{-3}$ mol/（L·min）、硫酸 $2.7×10^{-3}$ mol/（L·min））

a—316L XRD；b—Q245R XRD；c—304 XRD

图6-14a显示，304不锈钢研究试样表面出现了大量不规则的腐蚀坑，判定为点蚀。图6-14b能谱分析中显示，腐蚀坑周围含有大量的磷元素，说明了主要腐蚀因子是由于磷的酸根离子的存在，加速了点蚀腐蚀速率。

6.2　含磷-硫共同环境下高温协同腐蚀研究

对表6-1中研究试件，在不同高温、不同磷酸-硫酸浓度共存环境下，经不同时间燃烧腐蚀后，Q245R、304不锈钢、316L不锈钢不同材料产生的腐蚀产物，经X衍射分析其XRD测定结果见图6-15～图6-20，腐蚀产物主要成分分析见表6-4，腐蚀形貌见图6-23a～j。

表6-4　磷-硫共存环境下不同材料试样的研究条件及其 XRD 产物分析

图示	材料编号	燃烧时间/h	燃烧温度/℃	研究条件		XRD 分析存在物质
				H_3PO_4 /mol · $(L \cdot min)^{-1}$	H_2SO_4 /mol · $(L \cdot min)^{-1}$	
图6-15 a	316L 1-1					$FeSO_4 \cdot H_2O$，$FeFe_2(PO_4)_2(OH)_2 \cdot 4H_2O$，$Fe_2+2(SO_4)_3 \cdot 9H_2O$，$FeSO_4 \cdot 4H_2O$，$Fe(H_2PO_4)_3 \cdot 2H_2O$，$Fe_4SO_4(OH)_{10}$
图6-15 b	Q245R 1-2	12	400	1.35×10^{-3}	2.7×10^{-3}	$FeFe_2(PO_4)_2(OH)_2 \cdot 4H_2O$，$Fe_6S_8O_{33}$，$P_2S_5$，$Fe_2+2(SO_4)_3 \cdot 9H_2O$，$Fe_3O_4$，$Fe(H_2PO_4)_3 \cdot 2H_2O$，$Fe_2+3(SO_4)_2(OH)_2 \cdot 3H_2O$
图6-15 c	304 1-3					$Fe_2+2(SO_4)_3 \cdot 9H_2O$，$P_4S_7$，$Fe_2(SO_4)_3$，$Fe(H_2PO_4)_3 \cdot 2H_2O$，$FeSO_4 \cdot H_2O$，$Fe+3(SO_4)(OH) \cdot 5H_2O$，$Fe_2+3(SO_4)_2(OH)_2 \cdot 3H_2O$
图6-16 a	Q245R 2-1					Fe_3O_4，$Fe_6S_8O_{33}$，P_2S_5，P_4S_7，$Fe_2(SO_4)_3$，$Fe+3(SO_4)(OH) \cdot 5H_2O$
图6-16 b	316L 2-2	96	400	1.35×10^{-3}	2.7×10^{-3}	$FeSO_4 \cdot 4H_2O$，$Fe_2+2(SO_4)_3 \cdot 9H_2O$，$FeFe_2(PO_4)_2(OH)_2 \cdot 4H_2O$，$Fe(H_2PO_4)_3 \cdot 2H_2O$
图6-16 c	304 2-3					$FeSO_4 \cdot 4H_2O$，$Fe(H_2PO_4)_3 \cdot 2H_2O$，$Fe_6S_8O_{33}$，$Fe_2+3(SO_4)_2(OH)_2 \cdot 3H_2O$

图示	材料编号	燃烧时间/h	燃烧温度/℃	研究条件		XRD分析存在物质
				H_3PO_4 /mol·$(L·min)^{-1}$	H_2SO_4 /mol·$(L·min)^{-1}$	
图6-17 a	合金 3-1	48	400	$4.5×10^{-4}$	$9×10^{-4}$	Fe_3O_4, Fe_2O_3, $FeSO_3·2.5H_2O$, $Fe_2+3(SO_4)_2(OH)_2·3H_2$
图6-17 b	316L 3-2					—
图6-17 c	Q245R 3-3					$Fe(H_2PO_4)_3·2H_2O$, Fe_3O_4, P_2S_5, $FeSO_3·2.5H_2O$, $FeSO_3·2H_2O$, $Fe_2+3(SO_4)_2(OH)_2·3H_2O$
图6-17 d	304 3-4					$Fe(H_2PO_4)_3·2H_2O$, $FeSO_4·H_2O$, $Fe_6S_8O_{33}$
图6-18 a	合金 4-1	102	400	$4.5×10^{-4}$	$9×10^{-4}$	$Fe_4SO_4(OH)_{10}$, P_2S_5, Fe_2O_3
图6-18 b	Q245R 4-2					$FeSO_4·4H_2O$, $FeSO_4·H_2O$
图6-18 c	316L 4-3					$FeSO_3·2H_2O$, Fe_3O_4, Fe_2O_3
图6-18 d	304 4-4					$Fe(H_2PO_4)_3·2H_2O$, Fe_3O_4 $FeSO_4·H_2O$, Fe_2O_3
图6-19 a	合金 5-1	102	400	$2.25×10^{-3}$	$2.25×10^{-3}$	$FeFe_2(PO_4)_2(OH)_2·4H_2O$, P_4S_7, $FeSO_3·2H_2O$, $Fe_{4.67}(SO_4)_6(OH)_2·20H_2O$
图6-19 b	Q245R 5-2					$Fe(H_2PO_4)_3·2H_2O$, Fe_3O_4
图6-19 c	316L 5-3					$FeSO_4·4H_2O$, $FeFe_2(PO_4)_2(OH)_2·4H_2O$, $Fe_{4.67}(SO_4)_6(OH)_2·20H_2O$, $Fe_2(SO_4)_3·H_2SO_4·8H_2O$
图6-19 d	304 5-4					$Fe_2+3(SO_4)_2(OH)_2·3H_2O$, Fe_3O_4, $H_2(FeP_3O_{10})·2H_2O$, $Fe_2(SO_4)_3·H_2SO_4·8H_2O$

续表 6-4

图示	材料编号	燃烧时间/h	燃烧温度/℃	研究条件		XRD 分析存在物质
				H_3PO_4 /mol · $(L \cdot min)^{-1}$	H_2SO_4 /mol · $(L \cdot min)^{-1}$	
图 6-20 a	合金 6-1	72	350	1.35×10^{-3}	2.7×10^{-3}	$FeSO_4 \cdot 4H_2O$, $Fe_6S_8O_{33}$, Fe_3O_4, $H_2(FeP_3O_{10}) \cdot 2H_2O$, $Fe(PO_3)_2$, P_4S_{10}, $Fe+3O(OH)$
图 6-20 b	316L 6-2					$FeSO_4 \cdot 4H_2O$, $FeSO_4 \cdot H_2O$, $FeSO_3 \cdot 2.5H_2O$
图 6-20 c	Q245R 6-3					$Fe(H_2PO_4)_3 \cdot 2H_2O$, $Fe_6S_8O_{33}$, Fe_3O_4, $Fe_2+3(SO_4)_2(OH)_2 \cdot 3H_2O$
图 6-20 d	304 6-4					$FeSO_4 \cdot H_2O$, $Fe_6S_8O_{33}$
图 6-21 a	Q245R 7-1	84	400	1.35×10^{-3}	2.7×10^{-3}	$Fe_6S_8O_{33}$, Fe_3O_4, $Fe(PO_3)_2$, P_4S_{10}, $FeSO_4 \cdot 5H_2O$, $Fe_2+3(SO_4)_2(OH)_2 \cdot 3H_2O$
图 6-21 b	316L 7-2					$Fe(H_2PO_4)_3 \cdot 2H_2O$, $FeSO_4 \cdot H_2O$, P_2S_5, $Fe(PO_3)_2$
图 6-22 a	Q245R 8-1	72	450	1.35×10^{-3}	2.7×10^{-3}	$FeFe_2(PO_4)_2(OH)_2 \cdot 4H_2O$, Fe_3O_4, $Fe_2O_3 \cdot H_2O$, $Fe_2(SO_4)_3$, P_2S_5, $FeSO_4$
图 6-22 b	316L 8-2					$FeSO_4 \cdot 4H_2O$, $FeFe_2(PO_4)_2(OH)_2 \cdot 4H_2O$, $Fe(H_2PO_4)_3 \cdot 2H_2O$, $Fe_{4.67}(SO_4)_6(OH)_2 \cdot 20H_2O$
图 6-22 c	304 8-3					$FeSO_4 \cdot 4H_2O$, $Fe(H_2PO_4)_3 \cdot 2H_2O$, P_4S_7, $Fe(PO_3)_2$, $FeSO_4$, $FeSO_4 \cdot H_2O$, $Fe_{4.67}(SO_4)_6(OH)_2 \cdot 20H_2O$, $Fe_2(SO_4)_3 \cdot 8H_2O$, $FeSO_4$

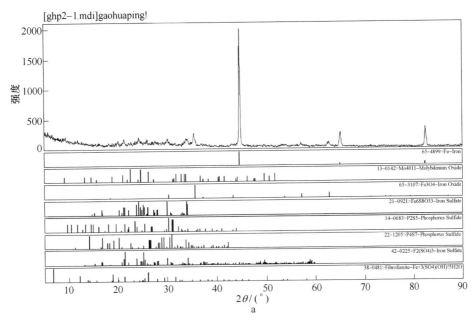

a

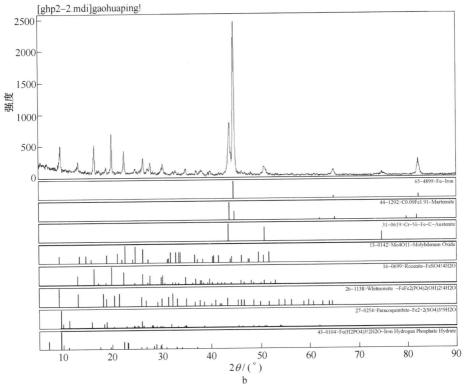

b

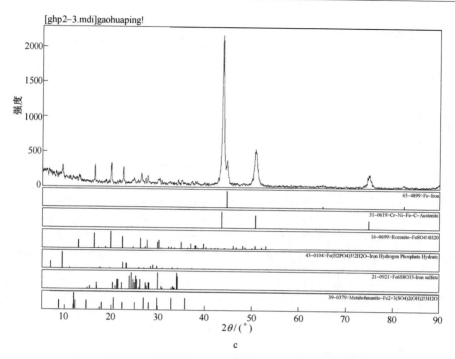

图 6-16   不同材料在磷-硫共存环境下的 XRD

（400℃，96h，磷酸 $1.35×10^{-3}$ mol/（L·min）、硫酸 $2.7×10^{-3}$ mol/（L·min））

a—Q245R XRD；b—316L XRD；c—304 XRD

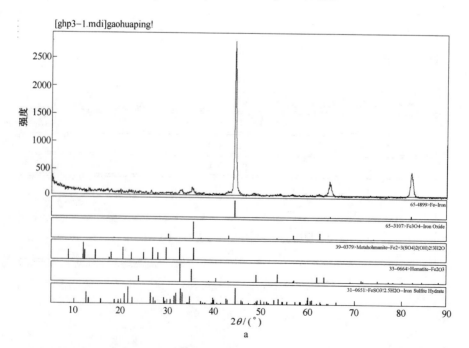

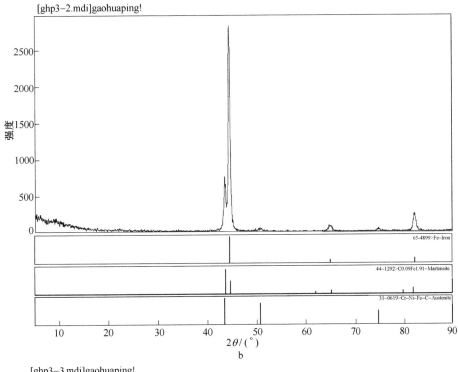

[ghp3-2.mdi]gaohuaping!

65-4899>Fe-Iron

44-1292>C0.09Fe1.91-Martensite

31-0619>Cr-Ni-Fe-C-Austenite

$2\theta/(°)$

b

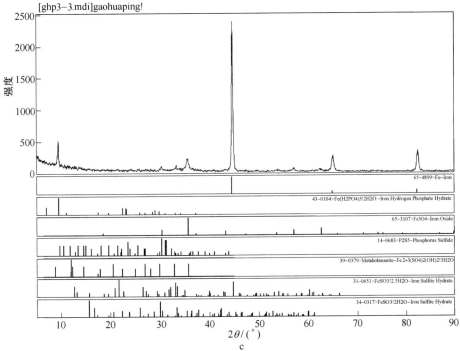

[ghp3-3.mdi]gaohuaping!

65-4899>Fe-Iron

43-0104>Fe(H2PO4)3!2H2O-Iron Hydrogen Phosphate Hydrate

65-3107>Fe3O4-Iron Oxide

14-0683>P2S5-Phosphorus Sulfide

39-0379>Metahohmanite-Fe 2+3(SO4)2(OH)2!3H2O

31-0651>FeSO3!2.5H2O-Iron Sulfite Hydrate

34-0317>FeSO3!2H2O-Iron Sulfite Hydrate

$2\theta/(°)$

c

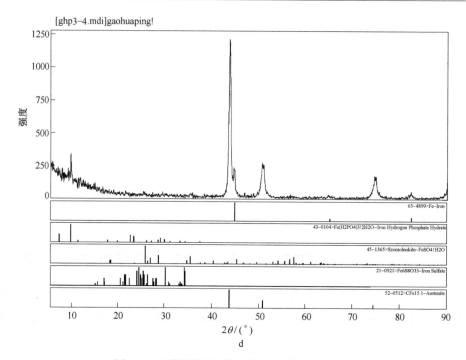

图 6-17　不同材料在磷-硫共存环境下的 XRD

（400℃，48h，磷酸 4.5×10^{-4}mol/（L·min）、硫酸 9×10^{-4}mol/（L·min））

a—合金 XRD；b—316L XRD；c—Q245R XRD；d—304 XRD

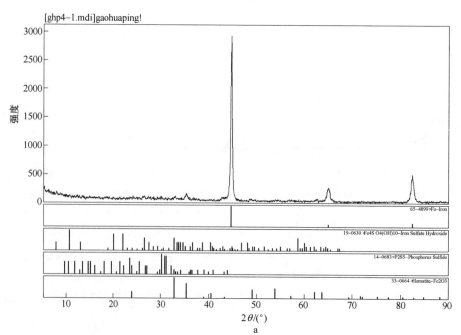

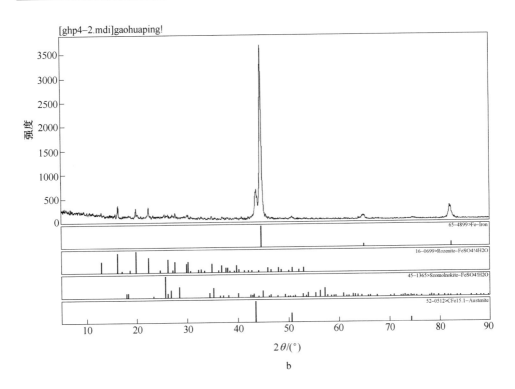

b

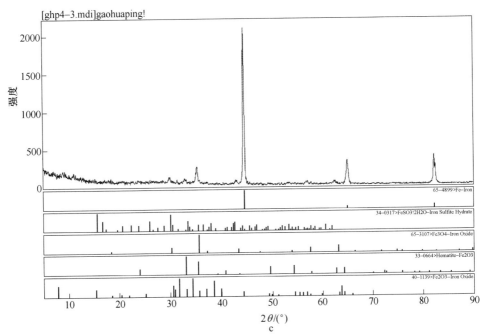

c

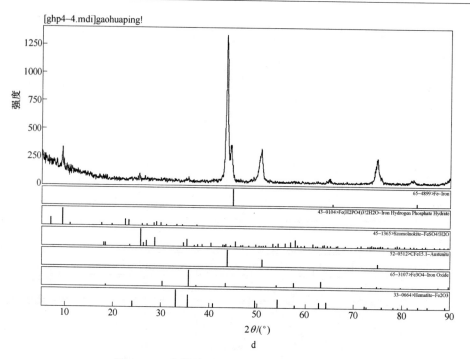

图 6-18 不同材料在磷-硫共存环境下的 XRD

（400℃，102h，磷酸 $4.5×10^{-4}$ mol/（L·min）、硫酸 $9×10^{-4}$ mol/（L·min））

a—合金 XRD；b—Q245R XRD；c—316L XRD；d—304 XRD

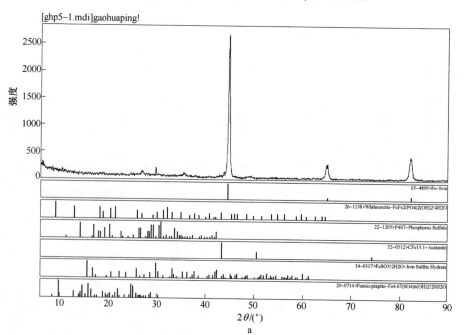

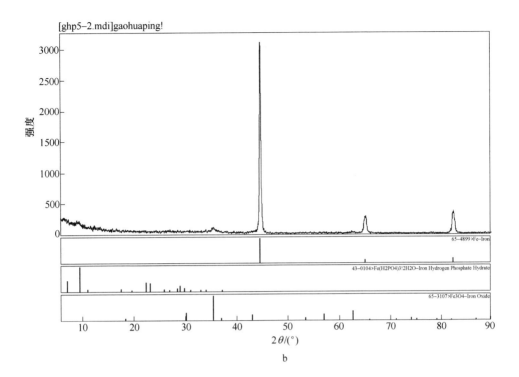

b

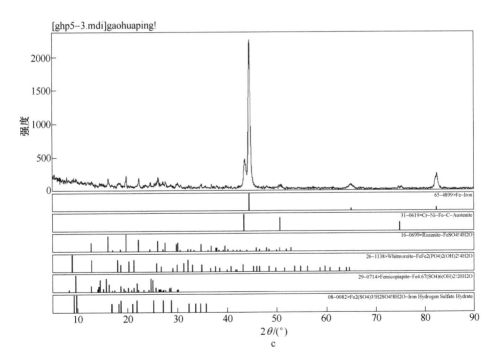

c

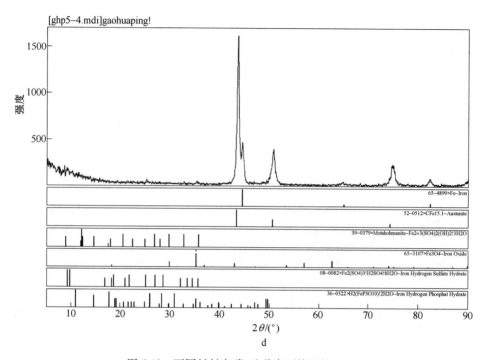

图 6-19　不同材料在磷-硫共存环境下的 XRD

（400℃，102h，磷酸 2.25×10⁻³mol/（L·min）、硫酸 2.25×10⁻³mol/（L·min））

a—合金 XRD；b—Q245R XRD；c—316L XRD；d—304 XRD

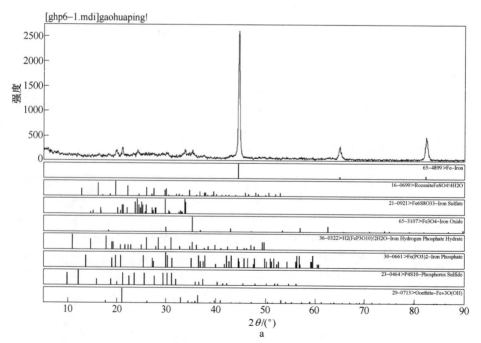

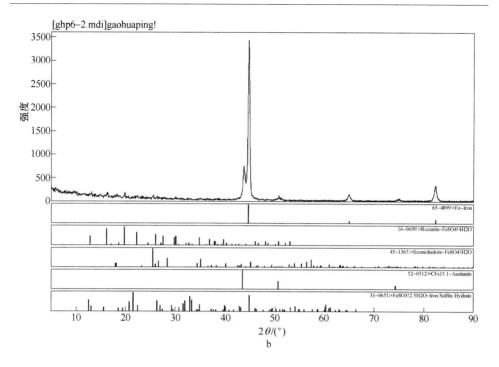

b

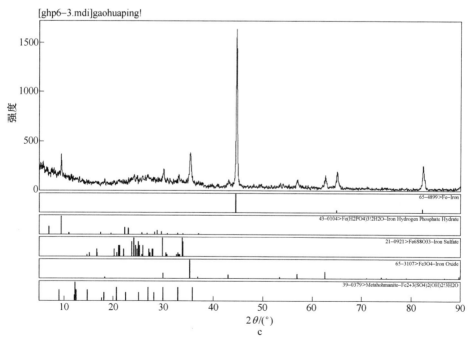

c

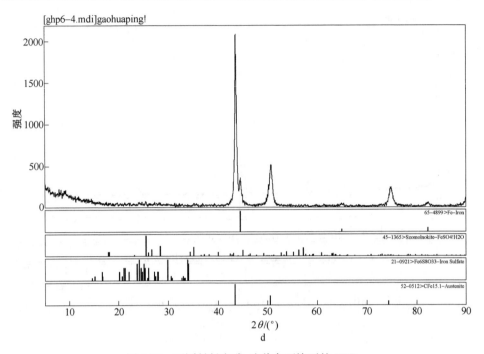

图 6-20　不同材料在磷-硫共存环境下的 XRD

（350℃，72h，磷酸 $1.35×10^{-3}$ mol/(L·min)、硫酸 $2.7×10^{-3}$ mol/(L·min)）

a—合金 XRD；b—316L XRD；c—Q245R XRD；d—304 XRD

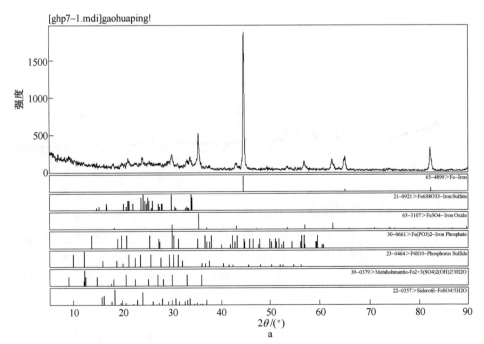

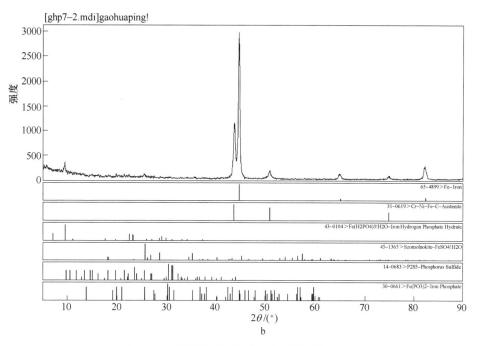

图 6-21　不同材料在磷-硫共存环境下的 XRD

（400℃，84h，磷酸 $1.35×10^{-3}$ mol/（L·min）、硫酸 $2.7×10^{-3}$ mol/（L·min））

a—Q245R XRD；b—316L XRD

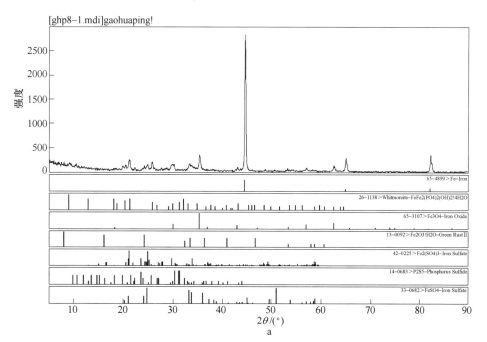

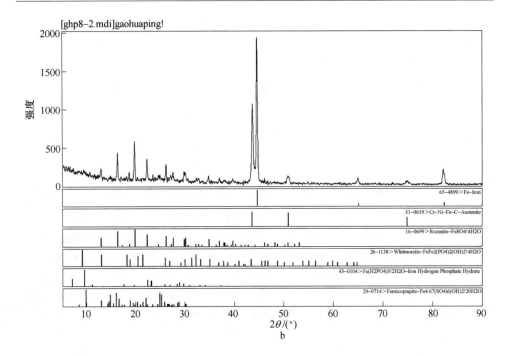

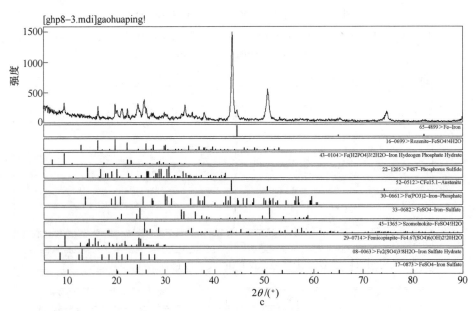

图 6-22　不同材料在磷-硫共存环境下的 XRD

（450℃，72h，磷酸 $1.35×10^{-3}$ mol/（L·min）、硫酸 $2.7×10^{-3}$ mol/（L·min））

a—Q245R XRD；b—316L XRD；c—304 XRD

6.2.1 不同材料试样 XRD 及产物分析

Q245R、304 不锈钢、316L 不锈钢，在磷-硫共存不同磷酸、不同硫酸环境下，在高温 350℃、400℃、450℃，历时不同腐蚀后的 X 衍射产物，见图 6-15~图 6-22 及表 6-4。

6.2.2 不同材料试样 SEM、EDS 及产物分析

选择 450℃，磷酸浓度 $1.35×10^{-3}$ mol/（L·min）、硫酸浓度 $2.7×10^{-3}$ mol/（L·min）环境下，Q245R、304 不锈钢、316L 不锈钢不同材料试样，测定经 72h 高温产生的腐蚀产物，并进行典型点位能谱分析，见图 6-23~图 6-28。

6.2.2.1 Q245R

Q245R 腐蚀产物的 SEM 见图 6-23，EDS 见图 6-24。

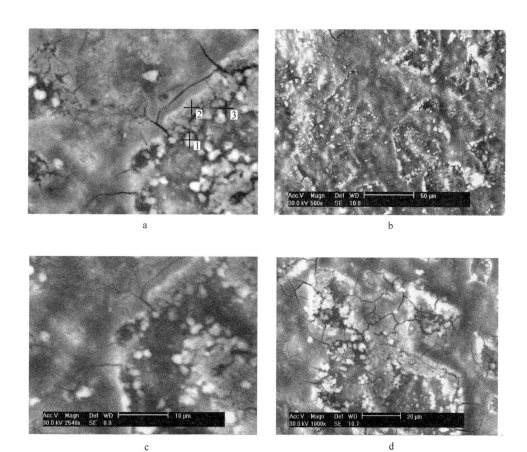

a

b

c

d

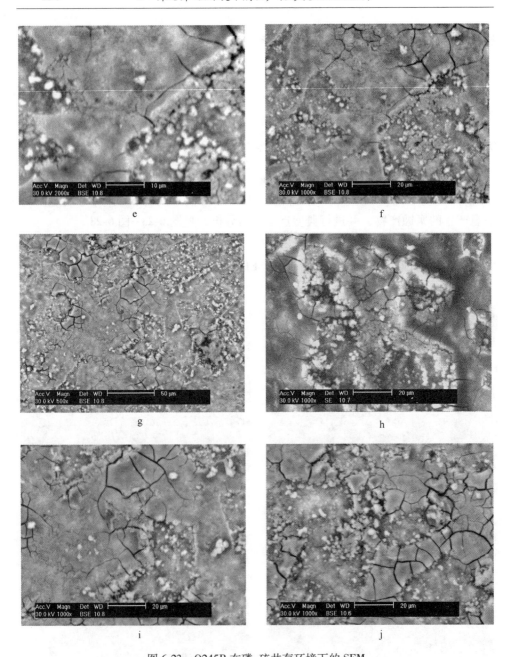

图 6-23　Q245R 在磷-硫共存环境下的 SEM

a—Q245R；b—Q245R-3#03（500×）；c—Q245R-2#01（2548×）；d—Q245R-2#02（1000×）；

e—Q245R-1#04（2000×）；f—Q245R-1#05（1000×）；

g—Q245R-2#06（500×）；h—Q245R-2#09（1000×）；

i—Q245R-2#07（1000×）；j—Q245-2R#08（1000×）

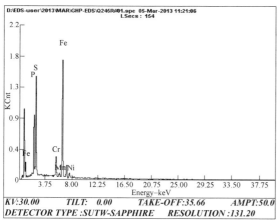

Element	Wt%	At%
CK	2.98	5.92
OK	42.11	62.72
PK	13.63	10.48
SK	10.15	7.54
CrK	2.87	1.32
MnK	0.54	0.24
FeK	26.36	11.24
NiK	1.36	0.55

EDAX ZAF QUANTIFICATION
STANDARDLESS SEC TABLE : DEFAULT

a

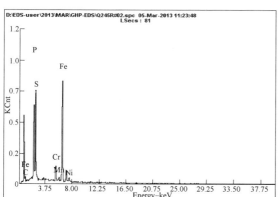

Element	Wt%	At%
OK	41.11	65.06
PK	11.39	9.31
SK	11.91	9.40
CrK	3.80	1.85
MnK	0.45	0.21
FeK	29.51	13.38
NiK	1.83	0.79

EDAX ZAF QUANTIFICATION
STANDARDLESS SEC TABLE : DEFAULT

b

Element	Wt%	At%
CK	4.28	10.25
OK	23.86	42.89
PK	15.85	14.72
SK	8.10	7.27
CrK	7.10	3.93
MnK	0.74	0.39
FeK	36.89	19.00
NiK	3.18	1.56

EDAX ZAF QUANTIFICATION
STANDARDLESS SEC TABLE : DEFAULT

c

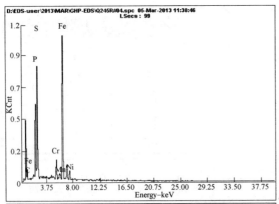

Element	Wt%	At%
CK	4.31	8.97
OK	36.24	56.54
PK	11.45	9.23
SK	11.34	8.83
CrK	3.11	1.49
MnK	0.66	0.30
FeK	30.29	13.54
NiK	2.60	1.10

EDAX ZAF QUANTIFICATION
STANDARDLESS SEC TABLE : DEFAULT

d

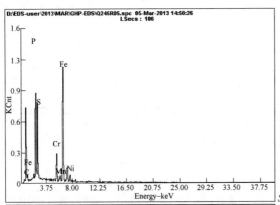

Element	Wt%	At%
CK	4.47	8.82
OK	40.74	60.42
PK	14.40	11.03
SK	7.83	5.79
CrK	4.47	2.04
MnK	0.44	0.19
FeK	25.55	10.86
NiK	2.10	0.85

EDAX ZAF QUANTIFICATION
STANDARDLESS SEC TABLE : DEFAULT

e

图 6-24　Q245R 在磷–硫共存环境下的 EDS
a—Q245R-1 EDS；b—Q245R-2 EDS；c—Q245R-3 EDS；
d—Q245R-4 EDS；e—Q245R-5 EDS

图 6-23 是 Q245R 在磷酸浓度为 1.35×10^{-3} mol/(L·min) 和硫酸浓度为 2.7×10^{-3} mol/(L·min) 环境下，高温 450℃ 经 72h 腐蚀产物的表面形貌。SEM 500 倍、1000 倍、2000 倍、2548 倍显示，在磷酸–硫酸共存环境下，Q245R 腐蚀产物均有大量白色聚磷酸盐和硫酸亚铁，并呈六边形及不规则蜂窝状孔蚀，大小不一。图 6-24 是图 6-23a 区域中的元素能谱 EDS 分析结果。其图示、材料编号、显示倍数以及相应的 EDS 见表 6-5。

表 6-5 磷-硫共存环境下 Q245R 试样的 SEM、EDS 分析

图号	SEM		EDS（图 6-23a）	
	编号	倍数	图号	编号
图 6-23b	Q245R-3#03	500×	图 6-24c	GHP-EDS \ Q245R#03
图 6-23c	Q245R-2#01	2548×	图 6-24a	GHP-EDS \ Q245R#01
图 6-23d	Q245R-2#02	1000×	图 6-24b	GHP-EDS \ Q245R#02
图 6-23e	Q245R-1#04	2000×	图 6-24d	GHP-EDS \ Q245R#04
图 6-23f	Q245R-1#05	1000×	图 6-24e	GHP-EDS \ Q245R#05
图 6-23g	Q245R-2#06	500×		
图 6-23h	Q245R-2#09	1000×		
图 6-23i	Q245R-2#07	1000×		
图 6-23j	Q245R-2#08	1000×		

由图 6-24a Q245R#01 可知，对应的 EDS 表中，O、P、S、Cr、Mn、Fe、Ni 元素质量分数分别为 FeO：P：S：Cr：Mn：Ni = 1：1.393：0.386：0.404：0.129：0.0153：0.062；其 Fe、O、P、S、Cr、Mn、Ni 元素原子分数分别为 Fe：O：P：S：Cr：Mn：Ni = 1：4.863：0.696：0.703：0.138：0.0157：0.059。

由图 6-24b Q245R#02 可知，对应的 EDS 表中，C、O、P、S、Cr、Mn、Fe、Ni 元素质量分数分别为 Fe：C：O：P：S：Cr：Mn：Ni = 1：0.113：1.598：0.517：0.385：0.109：0.0205：0.0516；其 Fe、O、P、S、Cr、Mn、Ni 元素原子分数分别为 Fe：C：O：P：S：Cr：Mn：Ni = 1：0.527：5.58：0.932：0.671：0.117：0.0214：0.0489。

由图 6-24c Q245R#03 可知，对应的 EDS 表中，C、O、P、S、Cr、Mn、Fe、Ni 元素质量分数分别为 Fe：C：O：P：S：Cr：Mn：Ni = 1：0.116：0.647：0.43：0.22：0.192：0.0201：0.0862；其 Fe、O、P、S、Cr、Mn、Ni 元素原子分数分别为 Fe：C：O：P：S：Cr：Mn：Ni = 1：0.54：2.257：0.775：0.383：0.207：0.0205：0.0821。

由图 6-24d Q245R#04 可知，对应的 EDS 表中，C、O、P、S、Cr、Mn、Fe、Ni 元素质量分数分别为 Fe：C：O：P：S：Cr：Mn：Ni = 1：0.142：1.196：0.378：0.374：0.103：0.0218：0.0859；其 Fe、O、P、S、Cr、Mn、Ni 元素原子分数分别为 Fe：C：O：P：S：Cr：Mn：Ni = 1：0.663：4.176：0.682：0.652：0.11：0.0222：0.0812。

由图 6-24e Q245R#05 可知，对应的 EDS 表中，C、O、P、S、Cr、Mn、Fe、Ni 元素质量分数分别为 Fe：C：O：P：S：Cr：Mn：Ni = 1：0.175：1.595：0.564：0.307：0.175：0.0172：0.0822；其 Fe、O、P、S、Cr、Mn、Ni 元素原子分数分别为 Fe：C：O：P：S：Cr：Mn：Ni = 1：0.812：5.564：1.016：0.533：

0. 188 : 0. 0175 : 0. 0783。

6. 2. 2. 2　304 不锈钢

304 不锈钢腐蚀产物的 SEM 见图 6-25，EDS 见图 6-26。

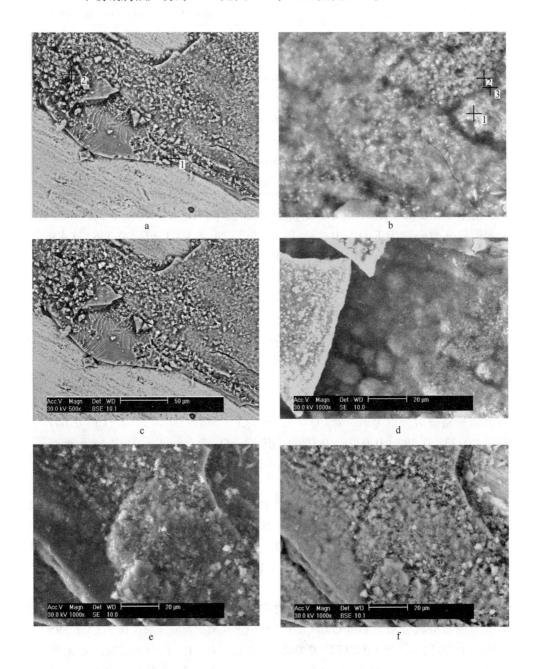

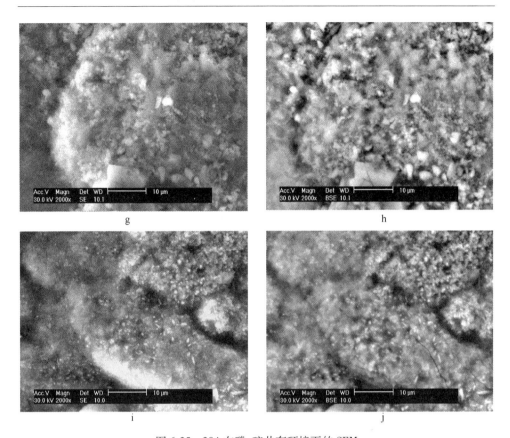

图 6-25 304 在磷-硫共存环境下的 SEM

a—304-1；b—304-2；c—304-1（1-2 #05）（500×）；d—304-1（2#06）（1000×）；
e—304-1（1#01）（1000×）；f—304-1（1#04）（1000×）；g—304-1（1#02）（2000×）；
h—304-2（1-3#03）（2000×）；i—304-2（2#07）（2000×）；j—304-2（3#08）（2000×）

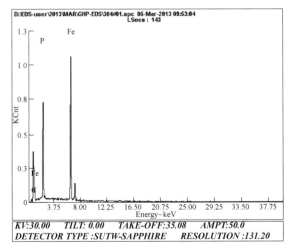

Element	Wt%	At%
CK	5.12	10.66
OK	35.62	55.66
PK	19.91	16.07
FeK	39.34	17.61

EDAX ZAF QUANTIFICATION
STANDARDLESS SEC TABLE DEFAULT

a

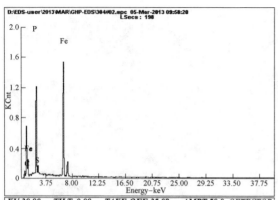

Element	Wt%	At%
CK	6.93	13.58
OK	38.47	56.62
PK	17.04	12.96
SK	3.22	2.36
FeK	34.34	14.48

EDAX ZAF QUANTIFICATION
STANDARDLESS SEC TABLE: DEFAULT

b

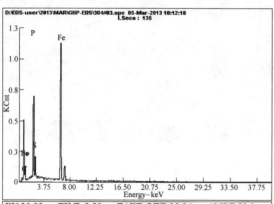

Element	Wt%	At%
CK	22.03	40.65
OK	23.80	32.97
PK	13.46	9.63
SK	2.01	1.39
FeK	38.70	15.36

EDAX ZAF QUANTIFICATION
STANDARDLESS SEC TABLE: DEFAULT

c

Element	Wt%	At%
CK	7.01	13.51
OK	40.02	57.89
PK	18.78	14.03
SK	1.30	0.94
FeK	32.88	13.63

EDAX ZAF QUANTIFICATION
STANDARDLESS SEC TABLE: DEFAULT

d

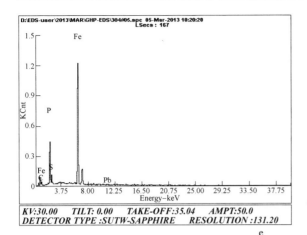

Element	Wt%	At%
CK	8.47	21.80
OK	14.35	27.72
PK	16.10	16.07
SK	2.82	2.71
FeK	56.90	31.50
PbL	1.37	0.20

EDAX ZAF QUANTIFICATION
STANDARDLESS SEC TABLE : DEFAULT

图 6-26 304 在磷-硫共存环境下的 EDS

a—304-1；b—304-2；c—304-3；d—304-4；e—304-5

图 6-25 是 304 不锈钢在磷酸浓度为 1.35×10^{-3} mol/（L·min）和硫酸浓度为 2.7×10^{-3} mol/（L·min）环境下，高温 450℃ 经 72h 腐蚀产物的表面形貌。SEM 500 倍、1000 倍、2000 倍显示，在磷酸-硫酸共存环境下，304 不锈钢腐蚀产物具有大量白色的均具有聚磷酸盐和硫酸亚铁，有不规则的孔蚀，大小不一。图 6-26 是从区域图 6-25a、b 元素能谱 EDS 分析结果。其编号、显示倍数以及相应的 EDS 见表 6-6。

表 6-6 磷-硫共存环境下 304 试样的 SEM、EDS 分析

图 号	SEM 编号	SEM 倍数	EDS（图 6-25a、b）图号	EDS（图 6-25a、b）编号
图 6-25c	304-1（1-2#05）	500×	图 6-26a	GHP-EDS \ 304#01
图 6-25d	304-1（2#06）	1000×	图 6-26b	GHP-EDS \ 304#02
图 6-25e	304-1（1#01）	1000×	图 6-26c	GHP-EDS \ 304#03
图 6-25f	304-1（1#04）	1000×	图 6-26d	GHP-EDS \ 304#04
图 6-25g	304-1（1#02）	2000×	图 6-26e	GHP-EDS \ 304#05
图 6-25h	304-2（1-3#03）	2000×		
图 6-25i	304-2（2#07）	2000×		
图 6-25j	304-2（3#08）	2000×		

由图 6-26a 304#01 可知，对应的 EDS 表中，C、O、P、Fe 元素质量分数分别为 Fe：C：O：P ＝ 1：0.13：0.905：0.506；其 C、Fe、O、P 元素原子分数分别为 Fe：C：O：P ＝1：0.605：3.161：0.913。

由图 6-26b 304#02 可知，对应的 EDS 表中，C、O、P、S、Fe 元素质量分数分别为 Fe：C：O：P：S = 1：0.213：1.217：0.571：0.0395；其 Fe、C、O、P、S 元素原子分数分别为 Fe：C：O：P：S =1：0.991：4.247：1.029：0.069。

由图 6-26c 304#03 可知，对应的 EDS 表中，C、O、P、S、Fe 元素质量分数分别为 Fe：C：O：P：S = 1：0.202：1.12：0.496：0.0938；其 Fe、C、O、P、S 元素原子分数分别为 Fe：C：O：P：S =1：0.938：3.91：0.895：0.163。

由图 6-26d 304#04 可知，对应的 EDS 表中，C、O、P、S、Fe 元素质量分数分别为 Fe：C：O：P：S = 1：0.569：0.615：0.348：0.0519；其 Fe、C、O、P、S 元素原子分数分别为 Fe：C：O：P：S =1：2.646：2.147：0.627：0.091。

由图 6-26e 304#05 可知，对应的 EDS 表中，C、O、P、S、Fe、Pb 元素质量分数分别为 Fe：C：O：P：S：Pb = 1：0.149：0.252：0.283：0.0496：0.0241；其 Fe、C、O、P、S 元素原子分数分别为 Fe：C：O：P：S：Pb =1：0.692：0.88：0.51：0.086：0.0064。

6.2.2.3　316L 不锈钢

316L 不锈钢腐蚀产物的 SEM 见图 6-27，EDS 见图 6-28。

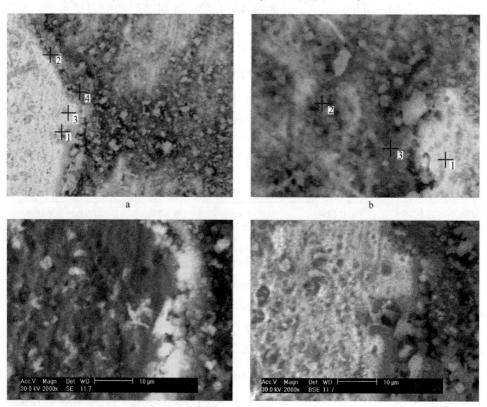

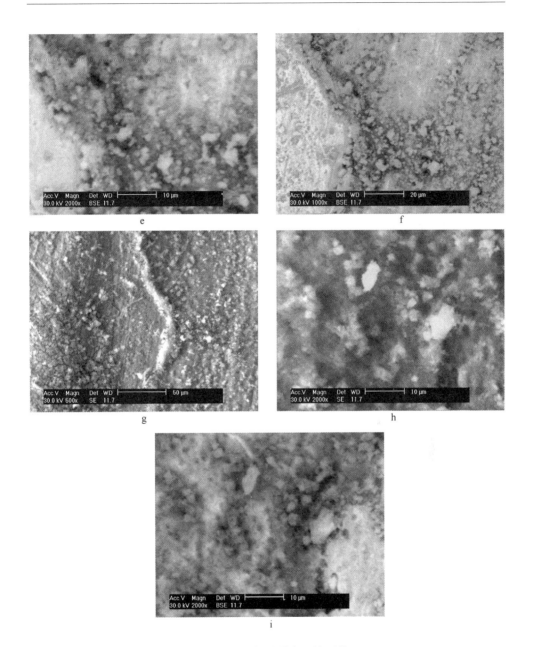

图 6-27　316L 在磷-硫共存环境下的 SEM

a—316L-1；b—316L-2；c—316L#01（2000×）；d—316L#02（2000×）；
e—316L#03（2000×）；f—316L-1#04（1000×）；g—316L#05（500×）；
h—316L#06（2000×）；i—316L#07（2000×）

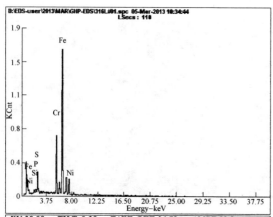

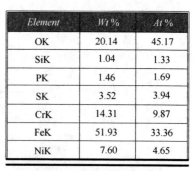

Element	Wt %	At %
OK	20.14	45.17
SiK	1.04	1.33
PK	1.46	1.69
SK	3.52	3.94
CrK	14.31	9.87
FeK	51.93	33.36
NiK	7.60	4.65

EDAX ZAF QUANTIFICATION
STANDARDLESS SEC TABLE: DEFAULT

a

Element	Wt %	At %
OK	19.09	42.67
SiK	0.82	1.04
PK	2.79	3.23
SK	6.47	7.21
CrK	14.66	10.08
FeK	49.97	31.99
NiK	6.19	3.77

EDAX ZAF QUANTIFICATION
STANDARDLESS SEC TABLE: DEFAULT

b

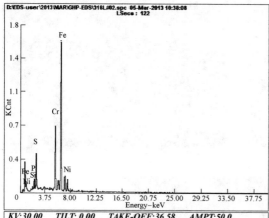

Element	Wt %	At %
OK	17.46	41.06
PK	4.00	4.85
SK	1.26	1.47
CrK	15.64	11.31
FeK	54.77	36.89
NiK	6.88	4.41

EDAX ZAF QUANTIFICATION
STANDARDLESS SEC TABLE: DEFAULT

c

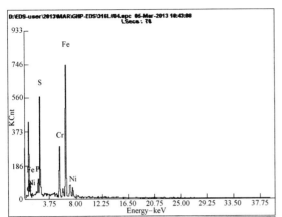

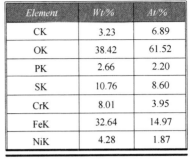

Element	Wt%	At%
CK	3.23	6.89
OK	38.42	61.52
PK	2.66	2.20
SK	10.76	8.60
CrK	8.01	3.95
FeK	32.64	14.97
NiK	4.28	1.87

EDAX ZAF QUANTIFICATION
STANDARDLESS SEC TABLE: DEFAULT

d

Element	Wt%	At%
OK	8.53	23.99
SiK	1.36	2.18
SK	1.02	1.43
CrK	17.48	15.11
FeK	62.14	50.03
NiK	9.46	7.25

EDAX ZAF QUANTIFICATION
STANDARDLESS SEC TABLE: DEFAULT

e

Element	Wt%	At%
CK	3.81	8.37
OK	33.86	55.91
SiK	0.61	0.57
PK	11.01	9.39
SK	4.22	3.47
CrK	10.62	5.40
FeK	32.27	15.27
NiK	3.61	1.62

EDAX ZAF QUANTIFICATION
STANDARDLESS SEC TABLE: DEFAULT

f

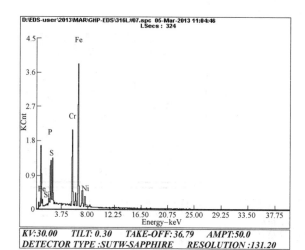

Element	Wt/%	At/%
OK	31.10	57.19
SiK	0.78	0.82
PK	8.57	8.14
SK	5.37	4.92
CrK	12.69	7.18
FeK	36.92	19.45
NiK	4.57	2.29

EDAX ZAF QUANTIFICATION
STANDARDLESS SEC TABLE:DEFAULT

g

图 6-28　316L 在磷-硫共存环境下的 EDS
a—316L-1；b—316L-2；c—316L-3；d—316L-4；
e—316L-5；f—316L-6；g—316L-7

图 6-27 是 316L 在磷酸浓度为 1.35×10^{-3} mol/(L·min) 和硫酸浓度为 2.7×10^{-3} mol/(L·min)，经 72h 450℃ 环境下腐蚀产物的表面形貌。SEM 1000 倍、2000 倍显示，在磷酸-硫酸共存环境下，316L 不锈钢腐蚀产物有大量白色均具有聚磷酸盐和硫酸亚铁及不规则孔蚀，大小不一。其编号、显示倍数以及相应的 EDS 见表 6-7。图 6-28 是从该区域图 6-27a、b 元素能谱分析结果。

表 6-7　磷-硫共存环境下 316L 试样的 SEM、EDS 分析

图号	SEM		EDS（图 6-27a、b）	
	编号	倍数	图号	编号
图 6-27c	316L #01	2000×	图 6-28a	GHP-EDS \ 316L #01
图 6-27d	316L #02	2000×	图 6-28b	GHP-EDS \ 316L #02
图 6-27e	316L #03	2000×	图 6-28c	GHP-EDS \ 316L #03
图 6-27f	316L #04	1000×	图 6-28d	GHP-EDS \ 316L #04
图 6-27g	316L #05	2000×	图 6-28e	GHP-EDS \ 316L #05
图 6-27h	316L #06	2000×	图 6-28f	GHP-EDS \ 316L #06
图 6-27i	316L #07	2000×	图 6-28g	GHP-EDS \ 316L #07

由图 6-28a 316L#01 可知，对应的 EDS 表中，O、Si、P、S、Cr、Fe、Ni 元素质量分数分别为 Fe：O：P：S：Si：Cr：Ni = 1：0.388：0.0281：0.0678：0.02：0.276：0.146，其 Fe、O、P、S、Si、Cr、Mn、Ni 元素原子分数分别为 Fe：O：P：S：Si：Cr：Mn：Ni=1：1.354：0.051：0.118：0.04：0.296：0.139。

由图 6-28b 316L#02 可知，对应的 EDS 表中，O、Si、P、S、Cr、Fe、Ni 元素质量分数分别为 Fe：O：P：S：Si：Cr：Ni = 1：0.382：0.0558：0.1294：0.0164：0.293：0.124，其 Fe、O、P、S、Si、Cr、Mn、Ni 元素原子分数分别为 Fe：O：P：S：Si：Cr：Mn：Ni = 1：1.334：0.101：0.225：0.0325：0.315：0.118。

由图 6-28c 316L#03 可知，对应的 EDS 表中，O、P、S、Cr、Fe、Ni 元素质量分数分别为 Fe：O：P：S：Cr：Ni = 1：0.319：0.073：0.023：0.286：0.126，其 Fe、O、P、S、Cr、Mn、Ni 元素原子分数分别为 Fe：O：P：S：Cr：Ni = 1：1.113：0.131：0.04：0.307：0.12。

由图 6-28d 316L#04 可知，对应的 EDS 表中，C、O、P、S、Cr、Fe、Ni 元素质量分数分别为 Fe：C：O：P：S：Cr：Ni = 1：0.099：1.177：0.0815：0.33：0.245：0.131，其 Fe、C、O、P、S、Cr、Mn、Ni 元素原子分数分别为 Fe：C：O：P：S：Cr：Mn：Ni = 1：0.46：4.11：0.147：0.575：0.264：0.125。

由图 6-28e 316L#05 可知，对应的 EDS 表中，O、Si、S、Cr、Fe、Ni 元素质量分数分别为 Fe：O：S：Si：Cr：Ni = 1：1.37：0.0219：0.0164：0.281：0.152，其 Fe、O、S、Si、Cr、Mn、Ni 元素原子分数分别为 Fe：O：S：Si：Cr：Mn：Ni = 1：0.48：0.0436：0.0286：0.302：0.115。

由图 6-28f 316L#06 可知，对应的 EDS 表中，C、O、Si、P、S、Cr、Fe、Ni 元素质量分数分别为 Fe：C：O：P：S：Si：Cr：Ni = 1：0.118：1.049：0.341：0.131：0.0189：0.329：0.112，其 Fe、C、O、P、S、Si、Cr、Mn、Ni 元素原子分数分别为 Fe：C：O：P：S：Si：Cr：Mn：Ni = 1：0.548：3.661：0.614：0.227：0.0373：0.0354：0.106。

由图 6-28g 316L#07 可知，对应的 EDS 表中，O、Si、P、S、Cr、Fe、Ni 元素质量分数分别为 Fe：O：P：S：Si：Cr：Ni = 1：0.842：0.232：0.145：0.0211：0.344：0.1238，其 Fe、O、P、S、Si、Cr、Mn、Ni 元素原子分数分别为 Fe：O：P：S：Si：Cr：Mn：Ni = 1：2.94：0.419：0.232：0.0422：0.369：0.118。

6.3 磷及磷-硫环境下腐蚀机理分析

在磷尾气磷硫多组分高温腐蚀试验专利装置和黄磷尾气高温腐蚀模拟试验专利装置是一种黄磷尾气高温腐蚀模拟试验装置（ZL200820081310.0，图 3-2），黄磷尾气磷硫多组分高温腐蚀试验系统和试验方法（ZL200810058710.4，图 3-3）中，在不同磷酸浓度、磷酸-硫酸共存不同浓度、不同高温下，对研究试样 Q245R、304、316L、合金进行腐蚀研究，模拟黄磷尾气对燃气设备材料的腐蚀破坏情况。

6.3.1　磷酸环境下高温腐蚀

Q245R 试样在磷酸浓度为 1.8×10^{-3} mol/（L·min）环境下，200~700℃ 的腐蚀产物 XRD 及其对应的 EDS 分析，反应式有：

$$2H_3PO_4（加热）\Longrightarrow P_2O_5 + 3H_2O \tag{6-1}$$

磷酸不能直接生成五氧化二磷，而当磷酸受热失去一部分水后，生成焦磷酸，继续在较高温度环境下，再失去水生成偏磷酸或聚合偏磷酸，直至完全失去水后才生成五氧化二磷。

（1）当研究温度为 200℃ 时，出现未分解的磷酸 H_3PO_4，与 Q245R 反应，生成 $FePO_4$、$Fe(PO_3)_2$、$FeH_2P_2O_7$。

当研究温度小于 225℃ 时，酸蒸气颗粒迅速与水蒸气接触，形成无数磷酸小液滴分散在实验空间内，磷酸小液滴连同磷酸蒸气在研究试样表面冷凝下来，附着于研究试样表面，随着时间的持续，液滴不断富集，磷酸浓度不断增大，在此环境下，对 Q245R（20g，20G）、16MnR 的腐蚀无钝化，以较快的速度进行，使得研究试样严重腐蚀，反应方程式为：

$$Fe+2H_3PO_4 \Longrightarrow Fe(H_2PO_4)_2+H_2 \tag{6-2}$$

$$2Fe+6H_3PO_4 \Longrightarrow 2Fe(H_2PO_4)_3+3H_2 \tag{6-3}$$

$$Fe(H_2PO_4)_2 \longrightarrow Fe_3(PO_4)_2+H_2O（失水） \tag{6-4}$$

$$Fe(H_2PO_4)_3 \longrightarrow FePO_4+H_2O（失水） \tag{6-5}$$

（2）当温度达到 225℃ 后，出气口开始少量白色烟雾，磷酸受热分解先失去部分水分生成焦磷酸 $H_4P_2O_7$，这些物质与 Q245R 反应，生成 $FePO_4$、$Fe(PO_3)_2$、$FeH_2P_2O_7$。

说明磷酸在 225℃ 开始失去部分水分，生成焦磷酸 $H_4P_2O_7$，反应方程式为：

$$2H_3PO_4 \Longrightarrow H_4P_2O_7 + H_2O \tag{6-6}$$

焦磷酸 $H_4P_2O_7$ 为无色玻璃状物，熔点为 61℃，易溶于水。试验装置内存在大量水蒸气，焦磷酸在加热状态下，被水蒸气吸收，部分转变成磷酸，所以此温度下对试样的腐蚀同样很严重。焦磷酸 $H_4P_2O_7$ 与试验反应，反应方程式为：

$$Fe+H_4P_2O_7 \Longrightarrow FeH_2P_2O_7+H_2 \tag{6-7}$$

焦磷酸铁 $Fe_4(P_2O_7)_3 \cdot xH_2O$ 呈黄白色粉末，不溶于冷水。

（3）当温度不小于 250℃ 后，明显可见白色烟雾颗粒，磷酸失水产生大量焦磷酸，出气口出现较浓白色烟雾，焦磷酸继续失去水分，分解成偏磷酸及聚合偏磷酸 $(HPO_3)_n$，与研究试样 Q245R 反应，腐蚀产物含有 P、O 等元素，其腐蚀产物有 $FeH_2P_2O_7$、$FePO_4$、$Fe(PO_3)_2$。其化学反应式为：

$$H_3PO_4 \Longrightarrow HPO_3 + H_2O \tag{6-8}$$

$$3H_3PO_4 \Longrightarrow H_5P_3O_{10}+2H_2O \tag{6-9}$$

$$4H_3PO_4 \Longrightarrow H_4P_4O_{12} + 4H_2O \qquad (6\text{-}10)$$

偏磷酸 HPO_3、三聚偏磷酸 $H_5P_3O_{10}$、四聚偏磷酸 $H_4P_4O_{12}$，为透明玻璃状物质，易潮解，吸水后成白色，加热不熔化，当烧到白热时直接升华而不分解。剧毒，对呼吸道有刺激性，眼接触即致灼伤，皮肤接触致严重灼伤，均成永久性损害。

（4）当温度达到 300℃，出现白色物质，研究试样 Q245R 腐蚀产物有 $Fe_3(PO_4)_2$、$Fe(PO_3)_2$、$Fe(PO_3)_3$、$FePO_4$、$H_2FeP_3O_{10}$、$Fe_7(PO_4)_6$、$Fe_5(PO_4)_3$ $(OH)_5$。

其中 $Fe_7(PO_4)_6$ 是两种物质 $4FePO_4 + Fe_3(PO_4)_2$ 的组合，$H_2FeP_3O_{10}$ 为酸式磷酸铁，即磷酸二氢铁。

（5）温度不小于 350℃，开始出现大量白色烟雾，试样表面沉积白色物质，但研究试样腐蚀程度明显减轻。反应方程式为：

$$Fe + 2HPO_3 \Longrightarrow Fe(PO_3)_2 + H_2 \qquad (6\text{-}11)$$

$$2Fe + 6HPO_3 \Longrightarrow 2Fe(PO_3)_3 + 3H_2 \qquad (6\text{-}12)$$

当偏磷酸浓度较低时，腐蚀产物为偏磷酸亚铁 $Fe(PO_3)_2$，当偏磷酸浓度较高时，腐蚀产物为偏磷酸铁 $Fe(PO_3)_3$。

将温度 350℃ 环境下的研究试样表面沉积物和腐蚀产物进行 XRD 和 EDS 分析，结果表明沉积物含有偏磷酸根、磷酸氢根、少量磷酸根，表明温度 ≥350℃，磷酸大部分失水生成偏磷酸。

（6）试验温度不小于 400℃（400℃、500℃、600℃、700℃）后，磷酸分解形成的腐蚀介质气氛中大部分是偏磷酸及聚合体。研究试样表面沉积物减少，磷酸腐蚀较轻，而氧化腐蚀开始严重，试样出现大量氧化皮 Fe_3O_4、Fe_2O_3、FeO 脱落，质量变化较大。说明高温氧化腐蚀存在。

6.3.2 含磷酸-硫酸环境下高温腐蚀

6.3.2.1 Q245R

Q245R 在磷酸 $1.35 \times 10^{-3} mol/(L \cdot min)$、硫酸 $2.7 \times 10^{-3} mol/(L \cdot min)$ 环境下：

（1）高温 400℃，历时 12h 腐蚀后，其 XRD 腐蚀产物（图 6-15b）主要有聚合物聚偏磷酸 $FeFe_2(PO_4)_2(OH)_2 \cdot 4H_2O$，磷酸二氢亚铁 $Fe(H_2PO_4)_3 \cdot 2H_2O$，聚磷硫酸铁 $Fe_6S_8O_{33}$、硫酸铁 $Fe_2{+3}(SO_4)_2(OH)_2 \cdot 3H_2O$、$Fe_2{+2}(SO_4)_3 \cdot 9H_2O$，有毒物质五硫化二磷 P_2S_5 等。

（2）高温 400℃，历时 84h 腐蚀后，其 XRD 腐蚀产物（图 6-21a）主要有聚磷硫酸铁 $Fe_6S_8O_{33}$，偏磷酸亚铁 $Fe(PO_3)_2$，有毒物质五硫化二磷 P_4S_{10}，碱式硫

酸铁 $Fe_2+3(SO_4)_2(OH)_2 \cdot 3H_2O$，硫酸亚铁 $FeSO_4 \cdot 5H_2O$，氧化化合物 Fe_3O_4 等。

（3）高温 400℃，历时 96h 腐蚀后，其 XRD 腐蚀产物（图 6-16a）主要有聚磷硫酸铁 $Fe_6S_8O_{33}$，有毒物质五硫化二磷 P_2S_5、七硫化四磷 P_4S_7、硫酸铁 $Fe_2(SO_4)_3$，碱式硫酸铁 $Fe+3(SO_4)(OH) \cdot 5H_2O$，氧化化合物 Fe_3O_4 等。

（4）高温 350℃，历时 72h 腐蚀后，其 XRD 腐蚀产物（图 6-20c）主要有磷酸二氢亚铁 $Fe(H_2PO_4)_3 \cdot 2H_2O$，聚硫酸铁 $Fe_6S_8O_{33}$，硫酸铁 $Fe_2+3(SO_4)_2(OH)_2 \cdot 3H_2O$，氧化化合物 Fe_3O_4 等。

（5）高温 450℃，历时 72h 腐蚀后，其 XRD 腐蚀产物（图 6-22a）主要有四水羟基偏聚磷酸铁 $FeFe_2(PO_4)_2(OH)_2 \cdot 4H_2O$，硫酸铁 $Fe_2(SO_4)_3$、$FeSO_4$，氧化化合物 Fe_3O_4、$Fe_2O_3 \cdot H_2O$，有毒物质五硫化二磷 P_2S_5。

Q245R 在磷酸 4.5×10^{-4} mol/（L · min）、硫酸 9×10^{-4} mol/（L · min），高温 400℃：

（1）历时 48h 腐蚀后，其 XRD 腐蚀产物（图 6-17c）主要有磷酸二氢亚铁 $Fe(H_2PO_4)_3 \cdot 2H_2O$，五硫化二磷 P_2S_5，硫酸亚铁 $FeSO_3 \cdot 2.5H_2O$、$Fe_2+3(SO_4)_2(OH)_2 \cdot 3H_2O$、$FeSO_3 \cdot 2H_2O$，氧化化合物 Fe_3O_4 等。

（2）历时 102h 腐蚀后，其 XRD 腐蚀产物（图 6-18b）主要有硫酸亚铁 $FeSO_4 \cdot 4H_2O$、$FeSO_4 \cdot H_2O$ 等。

Q245R 在磷酸 2.25×10^{-3} mol/（L · min）、硫酸 2.25×10^{-3} mol/（L · min），高温 400℃历时 102h 腐蚀后，其 XRD 腐蚀产物（图 6-19b）主要有磷酸二氢亚铁 $Fe(H_2PO_4)_3 \cdot 2H_2O$，氧化化合物 Fe_3O_4 等。

结合 Q245R SEM 及其对应的 EDS，由图 6-24Q245R 中的 Fe、P、S 原子个数之比分别为：Fe：P：S = 1：0.696：0.703；Fe：P：S = 1：0.932：0.671；Fe：P：S = 1：0.775：0.383；Fe：P：S = 1：0.682：0.652；Fe：P：S = 1：1.016：0.533。

图 6-24 Q245R 中的 Fe、P、S 平均原子个数之比分别为：Fe：P：S = 1：0.82：0.59。

以上 Q245R EDS 中 Fe、P、S 原子个数之比与 XRD 显示峰所对应的物质相吻合，均具有聚磷酸盐和硫酸亚铁。

Q245R 基体 Fe 与稀磷酸反应，生成磷酸铁和氢气。随着反应的进行，生成的腐蚀产物 $Fe_3(PO_4)_2$ 离开基体分散到溶液中去。导致 EDS 微区元素成分分析结果为20g 材料中 P、O 元素含量增加，而 Fe 元素成分减少。具体反应方程见式（6-2）~式（6-12）。

6.3.2.2　304 不锈钢

304 不锈钢在磷酸 1.35×10^{-3} mol/（L · min）、硫酸 2.7×10^{-3} mol/（L · min）环境下：

（1）高温 400℃，历时 12h 腐蚀后，其 XRD 腐蚀产物（图 6-15c）主要有磷酸二氢亚铁 $Fe(H_2PO_4)_3 \cdot 2H_2O$，七硫化四磷 P_4S_7，硫酸铁 $FeSO_4 \cdot H_2O$、$Fe+2(SO_4)_3 \cdot 9H_2O$、$Fe_2(SO_4)_3$、$Fe+3(SO_4)(OH) \cdot 5H_2O$，碱式硫酸亚铁 $Fe+3(SO_4)_2(OH)_2 \cdot 3H_2O$ 等。

（2）高温 400℃，历时 96h 腐蚀后，其 XRD 腐蚀产物（图 6-16c）主要有磷酸二氢亚铁 $Fe(H_2PO_4)_3 \cdot 2H_2O$，聚硫酸铁 $Fe_6S_8O_{33}$，硫酸亚铁 $FeSO_4 \cdot 4H_2O$，碱式硫酸亚铁 $Fe+3(SO_4)_2(OH)_2 \cdot 3H_2O$ 等。

（3）高温 350℃，历时 72h 腐蚀后，其 XRD 腐蚀产物（图 6-20d）主要有硫酸铁 $FeSO_4 \cdot H_2O$、聚硫酸铁 $Fe_6S_8O_{33}$ 等。

（4）高温 450℃，历时 72h 腐蚀后，其 XRD 腐蚀产物（图 6-22c）主要有磷酸二氢亚铁 $Fe(H_2PO_4)_3 \cdot 2H_2O$，七硫化四磷 P_4S_7，偏磷酸亚铁 $Fe(PO_3)_2$，硫酸亚铁 $FeSO_4$、$FeSO_4 \cdot H_2O$、$FeSO_4 \cdot 4H_2O$、$Fe_2(SO_4)_3 \cdot 8H_2O$、$FeSO_4$，氧基碱式硫酸铁 $Fe_{4.67}(SO_4)_6(OH)_2 \cdot 20H_2O$ 等。

304 不锈钢在磷酸 4.5×10^{-4} mol/（L·min）、硫酸 9×10^{-4} mol/（L·min），高温 400℃：

（1）历时 48h 腐蚀后，其 XRD 腐蚀产物（图 6-17d）主要有磷酸二氢亚铁 $Fe(H_2PO_4)_3 \cdot 2H_2O$，硫酸铁 $FeSO_4 \cdot H_2O$，聚硫酸铁 $Fe_6S_8O_{33}$ 等。

（2）历时 102h 腐蚀后，其 XRD 腐蚀产物（图 6-18d）主要有磷酸二氢亚铁 $Fe(H_2PO_4)_3 \cdot 2H_2O$，硫酸铁 $FeSO_4 \cdot H_2O$，氧化化合物 Fe_3O_4、Fe_2O_3 等。

304 不锈钢在磷酸 2.25×10^{-3} mol/（L·min）、硫酸 2.25×10^{-3} mol/（L·min），高温 400℃ 历时 102h 腐蚀后，其 XRD 腐蚀产物（图 6-19d）主要有碱式硫酸铁 $Fe+3(SO_4)_2(OH)_2 \cdot 3H_2O$，硫酸铁 $Fe_2(SO_4)_3 \cdot H_2SO_4 \cdot 8H_2O$，氧化化合物 Fe_3O_4，聚合物聚偏磷酸 $H_2(FeP_3O_{10}) \cdot 2H_2O$ 等。

磷酸 H_3PO_4，焦磷酸 $H_4P_2O_7$，偏磷酸 $(HPO_3)_n$ 与奥氏体不锈钢 304 发生反应，形成了磷酸盐，穿透 304 不锈钢材料表面的钝化膜，形成了穿晶型的应力腐蚀，腐蚀形貌观察到的 304 的点蚀，是最容成为应力腐蚀发生的裂纹源。

结合 304 不锈钢 SEM 及其对应的 EDS，由图 6-26 304 不锈钢中的 Fe、P、S 原子个数之比分别为：Fe∶P = 1∶0.913；Fe∶P∶S = 1∶1.029∶0.069；Fe∶P∶S = 1∶0.895∶0.163；Fe∶P∶S = 1∶0.627∶0.091；Fe∶P∶S = 1∶0.51∶0.086。

图 6-26 304 不锈钢 XRD 对应的 EDS 中 Fe、P、S 元素平均原子个数比为：Fe∶P∶S=1∶0.8∶0.08。

以上 304 不锈钢 EDS 中 Fe、P、S 原子个数之比与 XRD 显示峰所对应的物质相吻合，均具有聚磷酸盐和硫酸亚铁。反应方程同式（6-2）~式（6-12）。

6.3.2.3　316L 不锈钢

316L 在磷酸 1.35×10^{-3} mol/（L·min）、硫酸 2.7×10^{-3} mol/（L·min）环境下：

（1）高温 400℃，历时 12h 腐蚀后，其 XRD 腐蚀产物（图 6-15a）主要有硫酸亚铁 $FeSO_4 \cdot 4H_2O$、$Fe_2 + 2(SO_4)_3 \cdot 9H_2O$、$FeSO_4 \cdot H_2O$，羟基聚磷酸 $FeFe_2(PO_4)_2(OH)_2 \cdot 4H_2O$，磷酸二氢亚铁 $Fe(H_2PO_4)_3 \cdot 2H_2O$，碱式硫酸铁 $Fe_4SO_4(OH)_{10}$ 等。

（2）高温 400℃，历时 84h 腐蚀后，其 XRD 腐蚀产物（图 6-21b）主要有磷酸二氢亚铁 $Fe(H_2PO_4)_3 \cdot 2H_2O$，硫酸亚铁 $FeSO_4 \cdot H_2O$，五硫化二磷 P_2S_5，亚磷酸亚铁 $Fe(PO_3)_2$ 等。

（3）高温 400℃，历时 96h 腐蚀后，其 XRD 腐蚀产物（图 6-16b）主要有硫酸铁 $FeSO_4 \cdot 4H_2O$、$Fe_2 + 2(SO_4)_3 \cdot 9H_2O$，羟基偏聚磷酸铁 $FeFe_2(PO_4)_2(OH)_2 \cdot 4H_2O$，磷酸亚铁 $Fe(H_2PO_4)_3 \cdot 2H_2O$ 等。

（4）高温 350℃，历时 72h 腐蚀后，其 XRD 腐蚀产物（图 6-20b）主要有硫酸亚铁 $FeSO_4 \cdot 4H_2O$、$FeSO_4 \cdot H_2O$、$FeSO_3 \cdot 2.5H_2O$ 等。

（5）高温 450℃，历时 72h 腐蚀后，其 XRD 腐蚀产物（图 6-22b）主要有硫酸亚铁 $FeSO_4 \cdot 4H_2O$，羟基偏聚磷酸铁 $FeFe_2(PO_4)_2(OH)_2 \cdot 4H_2O$，磷酸铁 $Fe(H_2PO_4)_3 \cdot 2H_2O$，羟基聚硫酸铁 $Fe_{4.67}(SO_4)_6(OH)_2 \cdot 20H_2O$ 等。

316L 在磷酸 4.5×10^{-4} mol/（L·min）、硫酸 9×10^{-4} mol/（L·min），高温 400℃：

（1）历时 48h 腐蚀后，XRD 没有检测到腐蚀产物（图 6-17b）。

（2）历时 102h 腐蚀后，其 XRD 腐蚀产物（图 6-18c）主要有硫酸亚铁 $FeSO_3 \cdot 2H_2O$，氧化化合物 Fe_3O_4、Fe_2O_3 等。

316L 在磷酸 2.25×10^{-3} mol/（L·min）、硫酸 2.25×10^{-3} mol/（L·min），高温 400℃历时 102h 腐蚀后，其 XRD 腐蚀产物（图 6-19c）主要有硫酸亚铁 $FeSO_4 \cdot 4H_2O$，羟基聚偏磷酸铁 $FeFe_2(PO_4)_2(OH)_2 \cdot 4H_2O$，碱式聚硫酸铁 $Fe_{4.67}(SO_4)_6(OH)_2 \cdot 20H_2O$，聚硫酸铁 $Fe_2(SO_4)_3 \cdot H_2SO_4 \cdot 8H_2O$ 等。

结合 316L 不锈钢 SEM 及其对应的 EDS，由图 6-28 316L 不锈钢中的 Fe、P、S 原子个数之比分别为：

Fe：P：S = 1：0.051：0.118；

Fe：P：S = 1：0.101：0.225；

Fe：P：S = 1：0.131：0.0398；

Fe：P：S = 1：0.147：0.575；

Fe：S = 1：0.0436；

Fe：P：S = 1：0.614：0.227；

Fe：P：S = 1：0.419：0.232。

图 6-28 316L 不锈钢 XRD 对应的 EDS 中 Fe、P、S 元素平均原子个数比为：Fe：P：S = 1：0.21：0.25。

以上 316L 不锈钢 EDS 中 Fe、P、S 原子个数之比与 XRD 显示峰所对应的物质相吻合，均具有聚磷酸盐和硫酸亚铁。反应方程同式（6-2）~式（6-12）。

6.3.2.4　合金

合金在磷酸 1.35×10^{-3} mol/（L·min）、硫酸 2.7×10^{-3} mol/（L·min）、高温 350℃环境下，历时 72h 腐蚀后，其 XRD 腐蚀产物（图 6-20a）主要有硫酸亚铁 $FeSO_4 \cdot 4H_2O$，聚硫酸铁 $Fe_6S_8O_{33}$，偏聚磷酸铁 $H_2(FeP_3O_{10}) \cdot 2H_2O$、磷酸亚铁 $Fe(PO_3)_2$，五硫化二磷 P_4S_{10}，氧化化合物 Fe+3O(OH)，Fe_3O_4 等。

合金在磷酸 4.5×10^{-4} mol/（L·min）、硫酸 9×10^{-4} mol/（L·min），高温 400℃：

（1）历时 48h 腐蚀后，其 XRD 腐蚀产物（图 6-17a）主要有氧化化合物 Fe_3O_4、Fe_2O_3，硫酸铁 $Fe_2+3(SO_4)_2(OH)_2 \cdot 3H_2O$、$FeSO_3 \cdot 2.5H_2O$ 等。

（2）历时 102h 腐蚀后，其 XRD 腐蚀产物（图 6-18a）主要有硫酸铁 $Fe_4SO_4(OH)_{10}$，五硫化二磷 P_2S_5，氧化化合物 Fe_2O_3 等。

合金在磷酸 2.25×10^{-3} mol/（L·min）、硫酸 2.25×10^{-3} mol/（L·min），高温 400℃历时 102h 腐蚀后，其 XRD 腐蚀产物（图 6-19a）主要有偏聚磷酸铁 $FeFe_2(PO_4)_2(OH)_2 \cdot 4H_2O$，七硫化四磷 P_4S_7，硫酸亚铁 $FeSO_3 \cdot 2H_2O$，碱式聚硫酸铁 $Fe_{4.67}(SO_4)_6(OH)_2 \cdot 20H_2O$ 等。反应方程同式（6-2）~式（6-12）。

304 不锈钢、316L 不锈钢以及合金，由于材料中含有 12%~18% 合金元素铬，铬在氧化性介质中，生成一层薄、紧附于材料表面的耐蚀氧化膜，形成钝化。该钝化膜以 Cr_2O_3、CrOOH、$Cr(OH)_3$ 等多种形态存在，该钝化膜存在不断通过材料内部 Cr 形成新的钝化层，含氢氧的存在，使金属元素有可能以结合水的形式存在钝化膜的表层，并组成以氢键相结合的交联溶胶式结构，提高了膜的再钝化能力。

钝化膜中的合金元素 Cr、Fe 之比为：Cr：Fe = 1：（0.7%~9%）。

不锈钢基体钢中的 Cr、Fe 之比为：Cr：Fe = 1：0.24%。

合金元素铬富集于不锈钢中，见图 6-29。

当铬的含量达一定时，钢的电位向正的方向转移发生钝化；铬含量>12%，不锈钢由两相变成单一相，增强了钢的耐蚀性。钢中 C 含量越高，形成碳化铬的量就越多，基体中的铬含量相应减少，材料的耐蚀性下降。本研究采用的 304 不锈钢、316L 不锈钢、合金，其 Cr：Fe 比值较大，在钢的表面生成了致密的 Cr_2O_3 氧化膜，在酸性的腐蚀介质中形成钝化反应，其耐腐蚀性能远远超过普通锅炉钢 Q245R。

316L 不锈钢含 C 量远远低于 304，属于超低碳的不锈钢。在 850℃以上奥氏

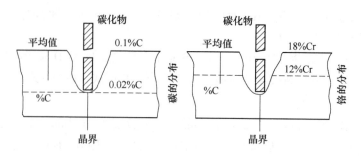

图 6-29　晶界碳化物附近 C 和 Cr 浓度

体不锈钢中的碳化物大都均匀地溶解在相组织中，并不会对不锈钢的耐蚀性能产生破坏。当温度达到 450℃ 时，就会逐渐有碳化物析出（见图 6-30）。随着时间的延长，碳原子会逐渐以很快的速度向着晶界处扩散，并且在晶界处形成最终碳化物并析出。对于 C 含量小于 0.12%，铬含量大于 12% 不锈钢，析出的碳化物是 $Cr_{23}C_6$，将其换算成为质量比，即 0.1% 的 C 就将消耗约 2% 的 Cr。在晶界处，由于偏析，明显消耗更多的 Cr，故晶界处就会率先发生较剧烈的腐蚀。不锈钢内的铬原子扩散速度非常慢，来不及补充晶界处消耗的铬，造成晶界处长时间贫铬，使晶界处的钝化膜因局部铬含量<12% 而破坏，失去对基体的保护作用。造成了不锈钢沿晶界处优先腐蚀，发生小阳极大阴极效应，使不锈钢沿着晶界产生腐蚀，出现晶间腐蚀。

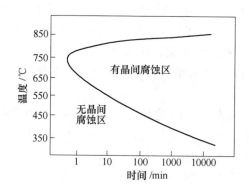

图 6-30　奥氏体不锈钢晶间腐蚀、温度、时间的关系

　　316L 不锈钢含一定量的 Ni 和 Mo，镍是起到稳定奥氏体组织的作用，使不锈钢尽量获得更多的单相组织；含钼的钢抗点蚀能力比较好，这些元素的添加增加了 316L 不锈钢抗点蚀能力。

6.4　结论

（1）磷酸高温分解。当温度<225℃时，磷酸未达到磷酸的分解温度，人部分磷酸受热蒸发变成分散的磷酸蒸气颗粒，形成磷酸雾；当温度≥225℃后，磷酸开始失去部分水分，生成 $H_4P_2O_7$；当温度达到300℃后，焦磷酸继续失去水分，分解成偏磷酸及聚合偏磷酸（HPO_3）$_n$；温度为400~700℃，磷酸分解形成的腐蚀介质气氛中大部分是偏磷酸及聚合体 $Fe(PO_3)_3$、$Fe(PO_3)_2$、$FePO_4$ 等，并有大量铁基氧化化合物产生。

（2）含磷环境下高温腐蚀研究。Q245R、16MnR、304 不锈钢试样在磷酸浓度为 $1.8×10^{-3}mol/(L·min)$ 环境下，200~700℃，对其腐蚀产物进行 XRD 及其对应的 EDS 分析，均匀出现了偏磷酸及聚合偏磷酸（HPO_3）$_n$、三聚偏磷酸 $H_5P_3O_{10}$、四聚偏磷酸 $H_4P_4O_{12}$、焦磷酸铁 $Fe_4(P_2O_7)_3·xH_2O$ 等腐蚀产物，SEM 腐蚀形貌显示，以点蚀为主。当温度≥400℃（400℃、500℃、600℃、700℃）时，出现大量氧化化合物 Fe_3O_4、Fe_2O_3、FeO。存在磷酸点蚀和高温氧化腐蚀。在相同条件下，Q245R 的腐蚀速度为 304 的上千倍；16MnR 的腐蚀速度是 Q245R 的三倍以上。

结论：高温耐磷酸腐蚀性能：316L 不锈钢>304 不锈钢>16MnR≫Q245R。

（3）磷-硫共存环境下高温腐蚀研究。Q245R 在不同磷酸浓度、不同硫酸浓度，350℃、400℃、450℃不同高温下的腐蚀研究，其 XRD 腐蚀产物主要有：硫酸亚铁 $FeSO_4·4H_2O$，羟基聚偏磷酸铁 $FeFe_2(PO_4)_2(OH)_2·4H_2O$，碱式聚硫酸铁 $Fe_{4.67}(SO_4)_6(OH)_2·20H_2O$，聚硫酸铁 $Fe_2(SO_4)_3·H_2SO_4·8H_2O$、偏磷酸及聚合偏磷酸（$HPO_3$）$_n$、磷酸二氢亚铁 $Fe(H_2PO_4)_3·2H_2O$，五硫化二磷 P_2S_5，硫酸亚铁 $FeSO_3·2.5H_2O$，$Fe_2+3(SO_4)_2(OH)_2·3H_2O$，$FeSO_3·2H_2O$，氧化化合物 Fe_3O_4 等。腐蚀类型：孔蚀、高温氧化腐蚀。

304 不锈钢在不同磷酸浓度、不同硫酸浓度，350℃、400℃、450℃不同高温下的腐蚀研究，其 XRD 腐蚀产物主要有：磷酸二氢亚铁 $Fe(H_2PO_4)_3·2H_2O$，七硫化四磷 P_4S_7，硫酸铁 $FeSO_4·H_2O$、$Fe_2+2(SO_4)_3·9H_2O$、$Fe_2(SO_4)_3$、$Fe+3(SO_4)(OH)·5H_2O$，碱式硫酸亚铁 $Fe_2+3(SO_4)_2(OH)_2·3H_2O$，氧化化合物 Fe_3O_4、Fe_2O_3 等。腐蚀类型：孔蚀、应力腐蚀、高温氧化腐蚀。

316L 不锈钢在不同磷酸浓度、不同硫酸浓度，350℃、400℃、450℃不同高温下的腐蚀研究，其 XRD 腐蚀产物主要有：硫酸亚铁 $FeSO_4·4H_2O$、$Fe_2+2(SO_4)_3·9H_2O$、$FeSO_4·H_2O$，羟基聚磷酸 $FeFe_2(PO_4)_2(OH)_2·4H_2O$，磷酸二氢亚铁 $Fe(H_2PO_4)_3·2H_2O$，碱式硫酸铁 $Fe_4SO_4(OH)_{10}$，五硫化二磷 P_2S_5，氧化化合物 Fe_3O_4、Fe_2O_3 等。腐蚀类型：孔蚀、晶界腐蚀、高温氧化腐蚀。

合金在不同磷酸浓度、不同硫酸浓度，350℃、400℃、450℃不同高温下的腐蚀研究，其 XRD 腐蚀产物主要有：主要有硫酸亚铁 $FeSO_4 \cdot 4H_2O$，聚硫酸铁 $Fe_6S_8O_{33}$，偏聚磷酸铁 $H_2(FeP_3O_{10}) \cdot 2H_2O$、磷酸亚铁 $Fe(PO_3)_2$，五硫化二磷 P_4S_{10}，氧化化合物 $Fe+3O(OH)$，Fe_3O_4 等。腐蚀类型：孔蚀、高温氧化腐蚀。

结论：高温耐磷酸-硫酸腐蚀性能：合金>316L 不锈钢>304 不锈钢≫16MnR>Q245R。

参 考 文 献

[1] 陶俊法. 中国黄磷工业现状与发展前景 [J]. 无机盐工业, 2008 (6): 1~4.

[2] 中国科学技术协会, 中国腐蚀与防护学会. 材料腐蚀学科发展报告 [M]. 北京: 中国科学技术出版社, 2012.

[3] 林玉珍, 杨德钧. 腐蚀和腐蚀控制原理 [M]. 北京: 中国石化出版社, 2006.

[4] 控制工艺参数来防止高温磷蒸汽的腐蚀 [P]. 美国发明专利, 2272402, 1982 年 1 月.

[5] 控制工艺参数来防止高温磷蒸汽的腐蚀 [P]. 欧洲发明专利, 0129533A1, 1984 年 5 月.

[6] 利用干燥空气中的氧气燃烧黄磷以回收热能 [P]. 日本发明专利, 日本公开特许公报, 昭和 54-84890, 1979 年 7 月.

[7] 梅毅, 宋耀祖, 杨亚斌, 等. 黄磷燃烧热能的回收与利用综述 [J]. 磷肥与复肥, 2002 (7): 45~48.

[8] 梅毅, 杨亚斌, 宋耀祖, 等. 热法磷酸生产中热能的回收与利用 [J]. 中国工程科学, 2005 (9): 347~353.

[9] 朱日彩, 齐慧滨, 黄震中, 等. 金属材料的高温硫腐蚀中的若干问题 [J]. 石油化工腐蚀与防护, 1995 (3): 48~52.

[10] 陈学东, 等. 石化企业典型压力容器安全分析与延寿技术 [C]. 第四届全国压力容器使用管理学术议, 无锡, 1998.

[11] 陈学东, 等. 我国石化企业在用压力容器与管道使用现状和缺陷状况分析及失效预防对策 [C]. 第五届全国压力容器学会会议专题报告集, 2001.

[12] 张万贞. 湿 H_2S 环境中金属材料腐蚀的研究 [J]. 石油化工腐蚀与防护, 2006, 23 (3): 22~25.

[13] 张万贞, 余百年, 赵明. 热浸锌处理对低合金高强度钢抗 H_2S 腐蚀性能的影响 [J]. 石油化工腐蚀与防护, 1997, 14 (3): 51~52, 56.

[14] 肖纪美. 应力作用下的金属腐蚀 [M]. 北京: 化学工业出版社, 1990.

[15] 张跃, 褚武扬, 王燕斌, 等. Ti-24Al-11Nb 腐蚀疲劳断口形貌的研究 [J]. 中国腐蚀与防护学报, 1995 (15): 141~144.

[16] 白真权, 李鹤林, 刘道新, 等. 模拟油田 CO_2/H_2S 环境中 N80 钢的腐蚀及影响因素研究 [J]. 材料保护, 2003, 36 (4): 28~30.

[17] 张清, 李全安, 文九巴, 等. H_2S 分压对油管钢 CO_2/H_2S 腐蚀的影响 [J]. 腐蚀科学与防护技术, 2004, 16 (6): 395~397.

[18] 张清, 李全安, 文九巴, 等. CO_2/H_2S 对油气管材的腐蚀规律及研究进展 [J]. 腐蚀与防护, 2003, 24 (7): 227~281.

[19] 汪川, 王振尧, 柯伟. Q235 碳钢在 SO_2 气体中的初期腐蚀行为 [J]. 金属学报, 2008 (6): 729~734.

[20] Banas J, Lelek-Borkowska U, Mazurkiewicz B, et al. Effect of CO_2 and H_2S on the composition and stability of passive film on iron alloys in geothermal water [J]. Electrochimica Acta, 2007, 52 (18): 5704~5714.

[21] 马小菊. 含硫介质中耐蚀材料的选择及腐蚀机理研究 [D]. 西安理工大学, 2006.

［22］毛成玮，叶建平. 加氢装置连多硫酸应力腐蚀与预防［J］. 甘肃科技纵横，2012，41
　　　（2）：35~36.

［23］刘双元. 不锈钢设备的连多硫酸应力腐蚀开裂与预防［D］. 中国科学院上海冶金研究
　　　所，2000.

［24］朱晓航. 硫酸装置关键设备腐蚀机制与防护对策［D］. 哈尔滨工业大学，2010.

［25］冯星安，黄柏宗，高光第. 对四川罗家寨气田高含 CO_2、H_2S 腐蚀的分析及防腐设计初
　　　探［J］. 石油工程建设，2004（2）：10~14.

［26］Jaworowski R J. Evaluation of Methods for Measurement of SO_3/H_2SO_4 in Flue Gas［J］. J. Air
　　　Poll. Ass.，1979，29：43~46.

［27］Johnstone H F. An Electrical Method for the Determination of the Dew Point of Flue Gases［J］.
　　　Univ. Eng. Expl. Station. Circular，1929，20：123.

［28］Land T. The Theory of Acid Deposition and its Application to the Dew point Meter［J］. Journal
　　　of the Institute of Fuel，1977，50（6）：68~75.

［29］陈金玉，温敬平. 烟气酸露点测量方法的评价［J］. 节能技术，1994，4：20~23.

［30］Derichs W. Messungen Zur Bestimmung des Sauretaupunktes and der SO_3-Konzentration im
　　　Rauahgas von Kraftwerkskesseln［J］. VGB，1991，77（10）：966~970.

［31］Cardoso M V，Amaral S T，Martini E M A. Temperature effectin the corrosionresistance of Ni-
　　　Fe-Cr alloy in chloride medium［J］. Corrosion Science，2008，50（9）：2429~2436.

［32］Berger D M. Evaluation Lings for Power Plant SO_2 Serubbers［J］. Power Engineering，1980
　　　（11）：71~75.

［33］Land T. The Theory of Aeid Deposition and its Applieation to the Dewpoint Meter［J］. Journal
　　　of the Institute of Fuel，1977，50（6）：68~75.

［34］中国科学技术协会，中国腐蚀与防护学会. 2011—2012 材料腐蚀科学发展报告［M］. 北
　　　京：中国科学技术出版社，2012.

［35］黄健中，左禹. 材料的耐蚀性和腐蚀数据［M］. 北京：化学工业出版社，2003.

［36］朱日彩，齐慧滨，黄震中，等. 金属材料的高温硫腐蚀中的若干问题［J］. 石油化工腐
　　　蚀与防护，1995（3）：48~52.

［37］林玉珍，杨德钧. 腐蚀和腐蚀控制原理［M］. 北京：中国石化出版社，2006.

［38］吴欣强，敬和民，郑玉贵. 碳钢在高温环烷酸介质中冲刷腐蚀行为［J］. 中国腐蚀与防
　　　护学报，2002，22（5）：257~263.

［39］余建飞，甘复兴，詹约章. 不锈钢在高温环烷酸中的腐蚀行为研究［J］. 材料保护，
　　　2008，41（10）：216~219.

［40］董晓焕，姜毅，赵国仙. 四种常用钢材耐环烷酸腐蚀性能研究［J］. 石油化工腐蚀与防
　　　护，2004，21（2）：1~4.

［41］王海涛，韩恩厚，柯伟. 碳钢、低合金钢大气腐蚀的灰色模型预测及灰色关联分析
　　　［J］. 腐蚀科学与防护技术，2006（7）：278~280.

［42］Bale C W. Eriksson G. Metallurgical thermochemical database-areview［J］. Canada Metallur-
　　　gical Quarterly，1990（29）：105.

［43］Nagamori M，Frrington W J，Mackey P J，et al. Iherrrodynamic simulation rrodel of the

Isamelt process for copper matte [J]. Metallurgical and Materials Transactions B, 1994, 25B: 839.

[44] 郜华萍, 宁平, 殷在飞, 等. 实用新型专利, 一种黄磷尾气高温腐蚀模拟试验装置 [P]. ZL200820081310. 0.

[45] 郜华萍, 宁平, 龙晋明, 等. 黄磷磷硫多组分高温腐蚀系统和试验方法 [P]. ZL200810058710. 4.

[46] 马晓宁, 郜华萍, 宁平. 黄磷尾气中砷的测定 [J]. 分析科学学报, 2008 (1): 114~116.

[47] 马晓宁, 郜华萍, 宁平. 分光光度法测定黄磷尾气中砷和磷 [J]. 江西农业学报, 2007 (3): 128~130.

[48] 宁平, 郜华萍, 等. 磷炉尾气燃料对锅炉材料腐蚀机理分析 [J]. 昆明理工大学学报 (理工版), 2010 (6): 34~41.

[49] 郜华萍, 吴飞, 龙晋明, 等. 黄磷尾气燃气锅炉的腐蚀行为 [J]. 中国腐蚀与防护学报, 2011, 31(1): 51~55.

[50] 马晓宁, 郜华萍, 宁平, 等. 黄磷尾气高温氧化腐蚀特性初探 [J]. 昆明理工大学学报 (理工版), 2007 (4): 286~289.

[51] 吴飞, 郜华萍, 龙晋明. 黄磷尾气热水锅炉腐蚀原因分析及防治措施 [J]. 云南化工, 2009 (4): 61~65.

[52] Gao Huaping, Ning Ping, Wu Chaofeng, et al. Corrosion of different materials in combustion chamber of yellow phosphorus tail gas in industrial boiler [J]. 武汉理工大学 (材料科学英文版), 2010 (1): 53~57 (SCI).

[53] 吴飞, 郜华萍, 张光业, 等. NiAl-31Cr-3Mo 合金的低温热腐蚀性能 [J]. 腐蚀与防护, 2010 (7): 536~539.